科学。奥妙无穷 ▶

U0581536

你不知道的
大自然

张静 编著

中国出版集团
现代出版社

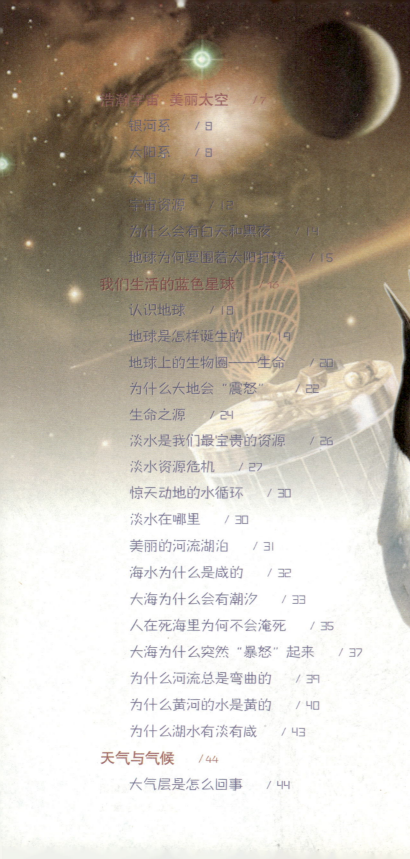

目 录

目

录

大自然包括很多东西，水、空气、山脉、河流、微生物、植物、动物、细菌和真菌、地球、宇宙等等，同时大自然也是一个包含各种生态系统的地方。只要不是人类生产或者工业制造的，而在地球上本身就存在的，就属于大自然的。

大自然诞生人类，说明它是尊重人类的行为，人类更应该尊重大自然。自然界并不是只作为人类开发利用的对象而存在。所有物种都有天赋的生存权利。人类是自然的一部分。在地球的生命长河中，人类只是一个后来者，其他许多生物没有人类可以照样生存，而人类离开其他生物则无法维持生命。

大自然是天然资源，人与大自然应该互相尊重，保持珍惜和爱惜心态，适度使用自然，不让大自然遭破坏，使生活环境美好、自然资源无耗尽，就像是母子一样亲密、和谐。

浩瀚宇宙 美丽太空

宇宙包括万事万物，所有的恒星、行星、岩石、尘埃、气体以及它们之间的一切都属于宇宙。每一颗恒星都是一个"太阳"，很多恒星远比我们的太阳更大更热。恒星构成星系——在宇宙中满是由恒星构成的巨大螺旋星系或旋涡星系。借助望远镜，我们可以看见上亿个星系，每个星系中都包含着上亿颗恒星。

你不知道的大自然

> 光年

宇宙中天体间的距离非常大，若以常见的千米为单位计算非常麻烦，以光年来计量就容易多了。光在真空中一年所经过的距离称为一个光年。光速为30万千米每秒，也就是$3×10^8$米 × （365.25×24×60×60）秒（略年长度等于365.25日，以2000年1月1.5日（记作J2000.0）为标准历元），所以一光年就是$9.4607×10^{15}$米。

银河系 >

在广袤无垠、浩瀚辽阔的宇宙海洋中，肉眼所见的天体，绝大多数是银河系的成员。那么，银河系就是通常所说的宇宙吗？远远不是。银河系是宇宙中的一个普通星系，只是无垠宇宙中很小的一部分。晴朗无月的夜晚，抬头看天幕有一条模糊的、白茫茫如云的光带，银光闪闪横在牛郎星和织女星间，这就是银河。

银河系是太阳系所在的恒星系统，包括1200亿颗恒星和大量的星团、星云，还有各种类型的星际气体和星际尘埃。它的直径约为100000多光年，中心厚度约为12000光年，总质量是太阳质量的1400亿倍。银河系是一个旋涡星系，具有旋涡结构，即有一个银河中心和四个旋臂，旋臂相距4500光年。太阳位于银河一个支臂猎户臂上，至银河中心的距离大约是26000光年。

太阳系 >

太阳系是银河系中一员，太阳系处在银盘内离银核约2800光年处。

太阳系是由太阳、行星及其卫星、小行星、彗星、流星体和星际物质构成的天体系统。地球是太阳系中的一颗行星，但却是在宇宙中迄今为止所发现的唯一适合人类居住的星球。

太阳 >

太阳是太阳系的中心天体，质量占太阳系总质量的99.865%，线半径约为70万米，是地球的109倍。太阳质量中氢约占71%，氦约占27%，其他碳、氮、氧和各种金属占2%。太阳有自转。太阳的引力控制了整个太阳系，使其他天体绕太阳公转。太阳中心区温度达$1.5×10^7$K，发生着氢核聚变反应，产生的能量以辐射形式向空间发射。太阳系中只有太阳是发光恒星，其他天体主要是反射了太阳光才发亮。

太阳是一个发射光芒的星球。在宇宙里，只有太阳发射光芒，其他的星球都是接受太阳的光，把太阳光转换成能量。太阳是唯一能够给宇宙提供光芒的星球。

太阳光是宇宙运行的指导中心，宇宙中的物质都是按照太阳光的指挥去运行。人就是其中之一，日出而作，日落而息，有始以来，没有改变。太阳的光给人类带来生命，带来温暖，带来快乐的生活。人类无法想象没有光的生活，光是人类生存不可缺少的物质。

光是太阳的使者。太阳把自己的信息通过光传递给宇宙，让所有的物质都能享受光的好处。太阳的无私给予，是生命存在的条件。

NIBUZHIDAODEDAZIRAN

• 太阳光的颜色

太阳光是一种电磁波，分为可见光和不可见光。可见光是指肉眼看到的，如太阳光中的赤、橙、黄、绿、蓝、靛、紫绚丽的七色彩虹光；不可见光是指肉眼看不到的，如紫外线、红外线等。

• 太阳光对人的好处和坏处

太阳对人体的好处是多方面的。在寒冷季节的晴朗之日晒晒太阳，不仅给人温暖，促进血液循环和新陈代谢，还能增强人体对钙和磷的吸收，对佝偻病、类风湿性关节炎、贫血患者恢复健康有一定的益处，尤其对婴儿软骨病有预防作用。

阳光中的紫外线有很强的杀菌能力，一般细菌和某些病毒在阳光下晒半小时或数小时，就会被杀死。例如，结核杆菌在阴暗潮湿的环境中能生存几个月，但在阳光照射下只能存活几小时。此外，紫外线还能使人体内的脱氢胆固醇变成维生素

D，促进了骨钙化和生长，所以阳光还直接影响人的身高。

过度的紫外线照射会使人反应迟钝，可诱发皮肤、肺方面的疾病。本世纪七八十年代西方盛行的"日光浴"之所以

未能在全世界持续流行，就是因为在日光浴的过程中，长时间暴晒损害了皮肤组织，对健康有不利影响。盛夏季节固然不宜暴晒，即使是冬季，晒太阳也不是越多越好，应选择上午10时前、下午3时后的"黄金时段"，每天坚持晒30—60分钟为宜。对于年老体弱者，最好应选择日出后的半小时内，作为晒太阳的开始时间，这时的空气湿润又清新，这时的阳光温暖而又柔和。

10

太阳光有哪些成分

太阳辐射中辐射能按波长的分布，称为太阳辐射光谱。太阳是一个炽热的气体球，其表面温度约为6000K，内部温度更高。

太阳辐射峰值的波长λmax为0.475μm，这个波长在可见光的青光部分。

在全部辐射能中，波长在0.15—4μm之间的占99%以上，且主要分布在可见光区（0.4—0.76μm）和红外区（＞0.76μm），可见光占太阳辐射总能量的约50%，后者占约43%，紫外区的太阳辐射能很少，只占总量的约7%。

按波段从短到长，有紫外线、可见光、红外线。可见光又分为红橙黄绿蓝靛紫等色。不同波段的光照射到人的皮肤上都能使人感到热，但是紫外线容易晒伤皮肤。冬天晒太阳感到暖和，是这些光线一起作用的结果。

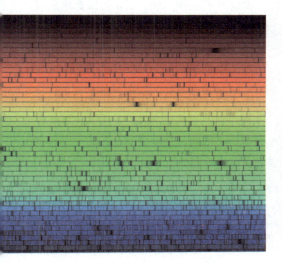

太阳为什么会发光发热

太阳的能量主要来自内部的核聚变，太阳的主要成分是氢和氦，由于太阳巨大的质量，在重力作用下其内部处在高压和高温的状态下，高温高压状态下4个氢原子核聚变成一个氦原子核，这期间会有质量亏损，亏损的质量转变成能量释放出来，由爱因斯坦的质能方程：能量＝质量×光速的平方，可以得到聚变会产生极大的能量，这些能量以光的形式从太阳上辐射出来，形成现在的太阳的光和热。

太阳每时每刻都在发生核聚变反应，相当于上千万颗氢弹爆炸，因此发出大量光和热，太阳的肚子里可以盛得下130万个地球。

首先，在大爆炸初期把所有的物质都向四周炸开了。可能当时的最基本的物质就是氢原子和氢分子，经过了数十亿年的积聚形成了早期的星云团，星云团在经过100万年的时间后中心形成一个密度最大、温度最高的气状圆盘，这个圆盘在自身重力的不断收缩下，温度不断升高，大约在1000万摄氏度时开始发生核聚变反映，这就形成了恒星。

而太阳就是一颗恒星，它就是因为在是星云团时，中心的压力过大，导致核聚变发生。核聚变的发生导致了温度的不断升高。并且在发生核聚变时，也向外播撒红外线以及光。这就是太阳为什么会发热和热光的原因。

11

宇宙资源 〉

宇宙资源主要有空间资源、太阳能资源、矿产资源。

• 空间资源

利用极其辽阔的宇宙空间，人造地球卫星可以从距离地球数万千米的高度观测地球，迅速、大量地收集有关地球的各种信息；利用高真空、强辐射和失重等地面实验室难以模拟的物理条件，可以在卫星上进行各种科学实验，例如在生物卫星上研究失重对昆虫、微生物、植物的生长、发育和代谢的影响。

• 太阳能资源

太阳能是地球最重要的能源。但是，其绝大部分能源不能透过地球大气层到达地表。如何最大限度地利用太阳能，是摆在科学家面前的科研课题。

• 矿产资源

科学家们对航天员从月球上带回的月岩标本进行了分析，发现月岩中含有地壳里的全部元素和约 60 种矿藏，还富含地球上没有的能源 3He，它是核聚变反应堆理想的燃料。此外，在火星和木星之间的轨道上运行着成千上万颗小行星，其中不少小行星富含矿体。

宇宙开发活动，无论规模和技术，还是经济投入，都已不是一个国家所能独立完成的。因此，空间资源开发的一个趋向是日益走上国际合作的道路。

宇宙空间最丰富的能源是取之不竭的太阳能，空间太阳能发电站就是想最大限度地利用太阳能。图中左上方的宽大物体

是把太阳能直接转变为电能的装置。这种装置一般是在 N 型硅单晶的小片上用扩散法渗进一薄层硼，以得到 PN 结，再加上电极而成。当太阳光直射到薄层面的电极上时，两极间就产生电动势。太阳能发电的基本途径有两种：一种是光电转移，即将太阳光直接转换成电能，称为"光发电"；一种是聚集太阳能，产生高温，再将热能转换为电能，称为"热发电"。目前，"光发电"使用较广的装置是"太阳电池板"，这种"太阳电池板"已广泛地使用在人造卫星等空间物体上。

为什么会有白天和黑夜 〉

如果一直是白天该多好啊，那我们就可以一直在外面玩儿了。可是，白天和黑夜总是交替地出现。太阳升起来，白天就开始了；太阳落下山，夜幕也就降临了。到底是谁把一天分为白天和黑夜的呢？原来，我们生活的地球总有一面向着太阳，而另一面背着太阳。向着太阳的那面就是白天。背着太阳的一面就是黑夜。因为地球从来不停止自转。所以黑夜、白天也就不停地、有规律地变换着。但是，并不是每个白天和黑夜的时间长短总是一样的。随着季节的变换，昼夜的长短也在发生着变化。

地球为何要围着太阳打转 ＞

地球真是个好动的家伙，不仅自转个不停，还喜欢一直围着太阳打转呢。难道太阳施了什么法术了吗？其实，这是因为太阳对地球有一种巨大的引力，使地球靠近自己。同时，地球围着太阳作圆周运动，能产生向外远离太阳的离心力，使自己能与太阳保持一定的距离，而不会与太阳相撞。但是，这种离心力又克服不了太阳强大的引力，所以地球就一直围着太阳不停地打转，时远时近。这种转动就叫作地球的公转。地球围绕太阳公转一圈的时间大约是365天5小时48分46秒，也就是我们所说的一年。因为地球自转轴和公转轨道还是垂直的，所以，在这一年里，太阳直射地球上各个区域的角度始终处在变化之中。于是地球上就产生了四季的变化。

我们生活的蓝色星球

生活在世界上的大多数人是日出而作，日落而息。这要感谢大自然的造化，为人类开创了美丽的家园——人类赖以生存的地球。

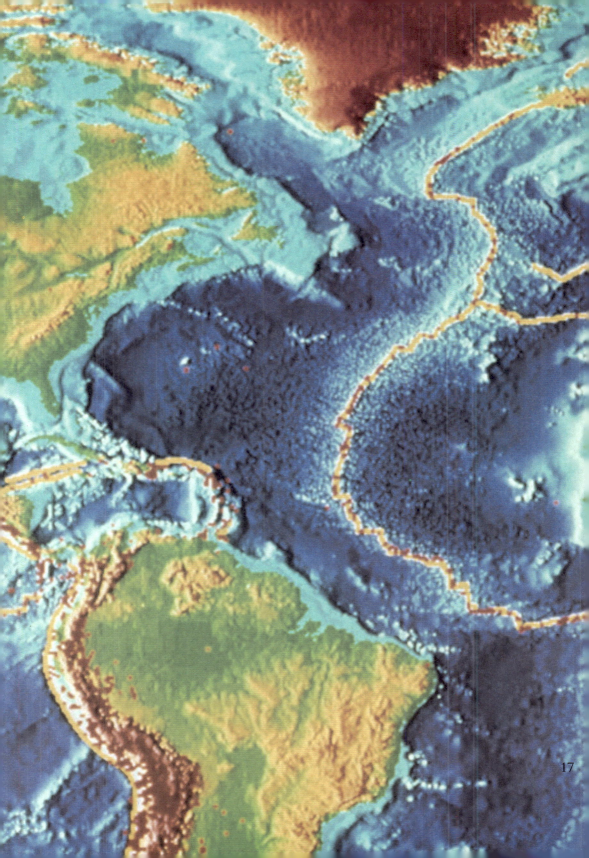

认识地球 >

　　宇宙中有一颗美丽而独特的蓝色星体，它就是我们人类的家园——地球。

　　地球是上百万种生物的家园，更是我们人类赖以生存的疆域。地球是目前人类所知宇宙中唯一存在生命的天体。地球是太阳系从内到外的第三颗行星，也是太阳系中直径、质量和密度最大的类地行星。住在地球上的人类又常称呼地球为世界。我们生活在美丽的地球上。地球上有陆地，也有海洋；陆地上有高山，也有平原；高山上露出各种不同的岩石，平原上被厚厚的土壤覆盖着……那么，掩埋在土地深处的地球究竟是什么样子呢？千百年以来，人类一直在艰难地探索着，探寻着关于地球的真相，追寻着数亿年前的故事，那么地球里面有什么呢？事实上，地球像夹心糖一样里面包着许多圈层，这些圈层可以粗略地分为地壳、地幔和地核三部分。最外面的地壳像糖衣一样，里面包着糖果——地幔，地幔也像一层糖衣一样包裹着糖心——地核。科学家推测，地球最初非常炙热，由于重沉轻浮在外层，冷却之后变成坚硬的地壳。所以，地球里面就形成了许多圈层。

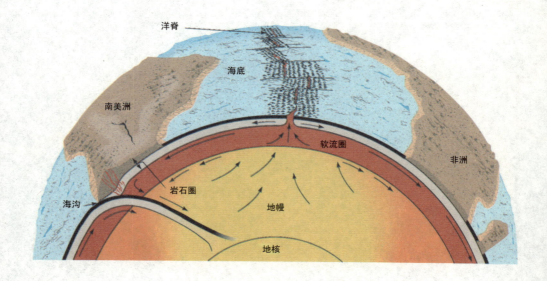

地球是怎样诞生的 ＞

地球这颗美丽的星球孕育了不计其数的地球生命，比如我们人类，另外还有许许多多其他的生物。地球见证了人类的出生和成长，可直到现在人类还无法非常确切地知道地球是怎样诞生的。据科学家推测：大约150亿年前，宇宙空间中曾经发生过一次大爆炸，爆炸产生的碎片形成了大片由尘埃微粒组成的星云。这些微粒互相吸引，慢慢聚集在一起变成砾石，砾石变成小球，小球逐渐变大，成为微行星。这些微行星越变越大，又经过一段漫长的时间，聚集成了许许多多大的星体，地球就是其中一个。就这样，我们所熟知的地球基本形成了。

地球会与外层空间的其他天体相互作用，包括太阳和月亮。月亮是地球唯一的天然卫星，诞生于45.3亿年前，造成了地球上的潮汐现象，稳定了地轴的倾角，并且减慢了地球的自转。大约38—41亿年前，后期重轰炸期的小行星撞击极大地改变了表面环境。

地球的矿物和生物等资源维持了全球的人口。地球上的人类分成了大约200个独立的主权国家，它们通过外交、旅游、贸易和战争相互联系。人类文明曾有过很多对于这颗行星的观点，包括神创造人类、天圆地方、地球是宇宙中心等。

西方人常称地球为"盖亚"，这个词有"大地之母"的意思。

地球上的生物圈——生命 〉

所谓生物圈，是指包括人类活动在内的地球上所有生物活动涉及到的范围，大约包括从海平面下11千米到地面上15千米的范围。这个生物圈内大约生活着100多万种动物，30多万种植物，10多万种微生物，构成着生态系统的4个要素：生产者、消费者、分解者和无生命物质，存在着能量流动和物质循环。生物圈是与地球的大气圈、水圈、岩石圈互相依存，互相制约的，是经过地球亿万年漫长岁月的进化逐渐形成的，是自然界的一个基本的有机的活动单位。

自从地球上生命起源之后，一直到现在45亿年，就是生生不息的生命演化史。我国著名环保作家唐锡阳指出：地球是我们的"摇篮"、"家园"和"天堂"。她很大，但不是无边无涯；她很美，但不是青春永在；她很富，但不是取之不尽用之不竭。所以我们应当了解她、珍惜她、爱护她，决不可把她变成月亮那样的岩石和荒野。

为什么说地下有个"大热库"

我们都知道,地球内部分为地壳、地幔和地核三层。从地面向下,随着深度的增加,温度也不断增高。据科学家的测量和推算,地幔上层的温度有1200℃左右,而地核中心的温度大约在6000℃以上。地球内部的巨大热量每时每刻都在向地面散发着。从地下喷出地面的温泉和火山爆发喷出的岩浆就是地热的表现。据估计,每年从地球内部传到地球表面的热能相当于1000亿桶石油燃烧时散发的热量。而且地热资源总量相当于世界年能源消费量的400多万倍。这种地热能实在大得惊人,难怪科学家都说地下有个"大热库"。地热资源是一种无污染或极少污染的清洁能源,在发电、供暖、供热、医疗、洗浴、水产、温室等方面有着良好的利用前景。目前,人类已经开始开发和利用"大热库"里的热水和蒸汽了。

21

为什么大地会"震怒" >

　　大地的"脾气"不算好,常常会无缘无故"气"得发抖,这也就是我们常说的地震。有时候,它只是轻轻地震一震,我们很难觉察到;有时候,它却震得山摇地动,把高楼大厦都震倒了。大家知道,地球时时刻刻都处在运动变化之中。地球的运动变化会产生巨大的力,使地下的岩层发生变形。开始时,这个变形很缓慢;但当受到的力太大,大到岩层不能承受时,岩层就会发生突然的、快速的破裂;岩层破裂所产生的震动传到地表,就会引起地表的震动,这就是地震。一般情况下,变形区域越长、越宽,释放的能量就越多,构造地震的震级也越高,所造成的危害也就越大。

生命之源 〉

　　在地球上，哪里有水，哪里就有生命。一切生命活动都是起源于水的。人体内的水分大约占到体重的65%。其中，脑髓含水75%，血液含水83%，肌肉含水76%，连坚硬的骨胳里也含水22%哩！没有水，食物中的养料不能被吸收，废物不能排出体外，药物不能到达起作用的部位。人体一旦缺水，后果是很严重的。缺水1%—2%，感到渴；缺水5%，口干舌燥，皮肤起皱，意识不清，甚至幻视；缺水15%，往往甚于饥饿。没有食物，人可以活较长时间（有人估计为两个月），如果连水也没有，顶多能活一周。

　　用手抓一把植物，你会感到湿漉漉的，凉丝丝的，这是水的缘故。植物含有大量的水，约占体重的80%，蔬菜含水90%—95%，水生植物竟含水98%以上。水替植物输送养分；水使植物枝叶保持婀娜多姿的形态；水参加光合作用，制造有机物；水的蒸发，使植物保持稳定的温度不致被太阳灼伤。植物不仅满身是水，作物一生都在消耗水。1千克玉米，是用368千克水浇灌出来的；同样的，小麦是513千克水，棉花是648千克水，水稻竟高达1000千克水。一籽下地，万粒归仓，农业的大丰收，水立下了不小的功劳哩！

淡水是我们最宝贵的资源 〉

地球上存在生物的必需条件是什么？就是有适宜的温度，有液态的水，有供生物呼吸的大气。地球区别于其他行星最主要的特征就是地球上分布着液态的水。水，孕育和维持着地球上的全部生命，尤其是地下水。

地下水是指在地下独自流动的水。由于受地下环境的限制，它们的流量很小，流速很慢，而且水温也很低，所以地下水一旦被污染，水中的污染物质很难扩散掉。而且，地下水接触不到阳光，不能进行曝光净化和生物净化，所以被污染的地下水要花费很长时间才能恢复得像原来一样洁净。地下水如果受到污染，就会对植物和动物的生存造成危害，而且还会严重威胁到我们人类的健康呢。同时，滥取地下水也会引起土层变形、地面沉降等严重后果。所以，为了使我们自己有一个洁净健康的生存环境，我们一定要保护地下水。

淡水资源危机 ＞

　　水是世界上最普遍的物质之一，总体积为14.1亿立方千米，其中只有2%是淡水。淡水的87%又被封冻在两极及高山的冰层和冰川中，难以利用。便于人类利用的淡水资源只有21000立方千米左右。这些资源在时空上分布不均，加上人类的不合理利用，使世界上许多地区面临着严重的水资源危机。

　　水已不是一种"取之不尽，用之不竭"的自然资源，水已越来越少。我国淡水资源总量为2.7万亿立方米，居世界第六位，但人均水量只相当世界人均占有量的1/4，居世界第110位。

　　目前，我国有200多个城市缺水。北京每年缺水10多亿立方米，地下水位有的地方已降到30多米。深圳每天至少缺水10万立方米，曾经出现过"水荒"。

　　江河也缺水，黄河连年出现断流。楼兰古城因为缺水，只剩下几处残垣断壁。罗布泊因为干涸，成为生命禁区。

27

可怕的淡水污染

　　3 个主要来源，生活废水、工业废水和含有农业污染物的地面径流。中国七大水系中目前极大部分河段污染严重，86% 的城市河段普遍超标，全国 7 亿多人饮用大肠杆菌超标的水，1.64 亿人饮用有机污染严重的水，3500 万人饮用硝酸盐超标的水。1986 年莱茵河化学品泄漏事故就造成了莱茵河水的长期污染。据世界银行的报告估计，由于水污染和缺少供水设施，全世界有 10 亿多人口无法得到安全的饮用水。

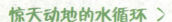

惊天动地的水循环 ＞

　　全世界的水是一个有联系的整体。海水在阳光的照射下，不断蒸发，水汽弥漫在海洋上空；一部分水汽被气流带到陆地上空，遇冷就凝结成细小的水滴，变成云，降落到地面就是雨或雪；雨或雪水落地后，有的流到洼坑里，有的渗入地下，有的流入小沟，汇进江河，奔向海洋。无数小水滴就是这样一刻不停地在世界上旅游。水循环保证了人类淡水的供应。知道水的循环以后，你就能解释：云的故乡在哪里？为什么江河里日日夜夜总是川流不息？为什么千万年来那么多江河水流进海洋，而海洋不见满溢出来？

淡水在哪里 ＞

　　南极洲98%的地域被一个直径4500千米的永久冰盖覆盖，其冰架延伸到其周围的海域，夏季冰架面积为265万平方千米，冬季可扩展到南纬55°，面积达1880万平方千米；冰盖平均厚度为2000米，最厚处达4750米；冰盖总贮冰量为2500万立方千米，占全球冰总量的90%，如果全部融化，全球海平面将上升50—60米。南极洲是个巨大的天然"冷库"，是世界上淡水的重要储藏地。

　　地球上的水尽管数量巨大，但能直

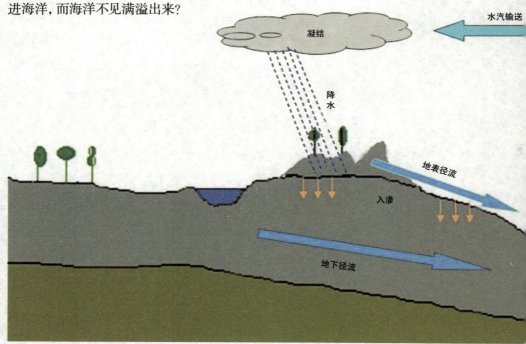

接被人们生产和生活利用的却少得可怜。首先，海水又咸又苦，不能饮用，不能浇地，也难以用于工业。其次，淡水只占总水量的2.6%左右，其中的绝大部分（占99%）被冻结在远离人类的南北两极和冻土中，无法利用，只有不到1%的淡水散布在湖泊里、江河中和地底下。与全世界总水体比较起来，淡水量真如九牛一毛。

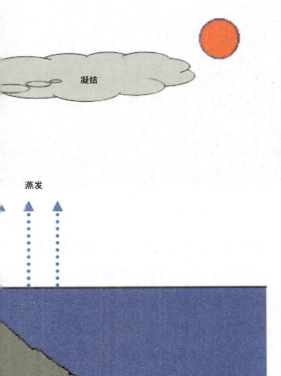

凝结

蒸发

美丽的河流湖泊 ＞

人类一直被河流吸引，依水而居，河流为所到之处的生物带来生命的必需品，但是河流也能将它给予我们的东西夺走。河流会引发洪水，冻结成冰，有时也会干涸消失，河流迫使人类承担巨大的风险。

从古至今，水又主要以河流湖泊的形式存在于我们身边，通俗一点讲吧，我们需要取自河流之水灌溉庄稼蔬菜，喂养牲畜，我们平时要喝水，做饭洗衣要用水，甚至生病就医全离不开水，现代社会的生产运作又有哪一行哪一业能离得开水，而这些水大多源自河流（自来水90%以上取自河流），中国的长江和黄河号称中国的母亲河，从古至今，正是这两条大河滋养了华夏大地，哺育了5000年中华文明。

只有水才能让大自然生生不息，而河流又是水的主要体现形式，所以河流对大自然的贡献就不需多说了吧!

31

海水为什么是咸的 ＞

　　我们都知道海水是咸的,那么你知道海水为什么是咸的吗? 在海洋刚刚形成的时候,陆地上的土壤和岩石中含有大量的盐分。那时, 地球上常常发生火山喷发、地震,大量的水蒸汽使得雨水特别多。土壤和岩石中的盐分就溶解在雨水中,被带进了海里, 使海洋中的盐分不断增加。同时,海水在太阳照射下蒸发得厉害,但是盐却留在了海里,海水就这样变得越来越咸了。尽管海水咸得使我们受不了,但是海洋里存在着一个缤纷多彩的生物世界。

大海为什么会有潮汐 ＞

　　大海每天都会有涨潮和落潮的现象，科学家把这种现象叫作潮汐。产生潮汐的主要原因是月球对地球的吸引力。月球时刻绕着地球旋转，对地球产生引力，使海洋的水位发生变化。水位上升形成涨潮，下降形成退潮。由于引力的作用，海水每天会涨落两次。当地球、月亮和太阳排成一条直线时，月球和太阳对地球的引力加在一起，就能使海水形成更高的海潮。

33

34

人在死海里为何不会淹死 >

在阿拉伯半岛有一片荒凉的被称作"死海"的湖区，湖中既没有鱼、虾，也没有水草，就连湖的周围也是寸草不生。但神奇的是，湖水能够浮起很重的东西，即使不会游泳的人也能躺在湖面上悠闲地读书看报。为什么人在"死海"里不会被淹死呢？原来，"死海"的含盐量非常高，湖水的相对密度比人体的相对密度还要大很多，于是就能把人浮起来了，就像相对密度较大的水能够浮起相对密度较小的油花儿一样。所以，人在死海里可以自由玩耍，完全不用担心会被淹死。由于"死海"的神奇特性，如今它也已经成为了一个闻名世界的旅游胜地。

大海为什么突然"暴怒"起来 >

　　有时候，尽管海上没有风暴来打扰，平静的大海却会突然"暴怒"起来，咆哮着掀起一排排高达数米的巨浪，恶狠狠地冲向海岸，这种现象被称为海啸。这种恐怖的海啸是怎么形成的呢？既然海面上找不到答案，那就看看海底吧。原来，海底的地壳发生断裂，有的地方下陷，有的地方升起，引起了剧烈的震动，因此产生了巨大的波浪，波浪传到岸边或港湾，就会使水位突然上涨，冲向陆地，形成海啸，产生巨大的破坏力。实际上，除了海底地壳断裂能引起海啸外，海底火山爆发和台风也会引起海啸。通常，如果岸边的海水出现异常的增高或降低，就预示着海啸即将来临了。

37

为什么河流总是弯曲的？

河流是地球的血脉，为地球生命提供源源不断的水源，而且通过长久而持续的作用塑造出了各种各样的地貌（如瀑布），创造出了适于农业生产的富饶土地。你观察过河流吗？如果你细心观察，你会发现它们总是弯曲的，而不是直的。这是怎么回事呢？原来，河流在行进过程中，总会遇到各种各样的阻碍。如果河岸比较容易破坏，水流就会冲开河岸，向前奔流；如果河岸比较坚固，水流就得绕着河岸前进了。所以，整条河流看起来总是弯弯曲曲的。河流的弯曲，也说明了河水的巨大力量。中国著名的长江流经三峡以后，进入江平原，就形成了特殊的"九曲回肠"，这就是河水日夜冲刷侵蚀的结果。

为什么黄河的水是黄的 〉

　　黄河是我们的母亲河,被称为中华民族的摇篮。黄河因为河水浑浊、含沙量大而闻名界。其实,数千年前的黄河流域曾经是森林茂密、水草丰盛的地区,那么黄河流域怎么会变成今天的荒山秃岭、浑黄一片的呢?回头看看历史,战争的摧残、毁林开荒、乱砍滥伐、自然因素或人为引起的火灾等等。这些因素导致了林木茂盛的黄河流域水土流失日益严重,使黄河变成了地球上含沙量最高的河流。黄河的水也因为含沙量大而变得浑黄一片了。

为什么湖水有淡有咸 ＞

　　湖泊就是陆地表面积水的洼地。尽管都位于陆地之上，但是湖水的味道有明显的区别，有的咸，有的淡。为什么会出现这种情况呢？原来，大多数湖泊的水都是由河水注入的。江河在流动过程中，溶解了流经地区的岩石和土壤里的一些盐分，流入江河的地下水也带来了一些盐分。当江河流经湖泊时，又会把盐分带给湖泊。如果湖水有出口继续流出，盐分就跟着流出去了。这种湖就成了淡水湖；如果湖泊排水不方便，盐分就会沉积下来，而且气候干燥会导致蒸发加快，湖水就会越来越咸，成为咸水湖。

天气与气候

大气层是怎么回事 >

　　我们的地球被一层厚厚的大气包围着，大气层像保护伞一样保护着地球上的生物。你知道它是怎么形成的吗？原来，地球刚刚形成的时候，还是一团疏松的星际物质，其中就包括空气和固体尘埃。后来，由于地心引力的作用，地球逐渐收缩变小，地球里面的空气受到压缩，被挤了出来；而飞散到太空中的空气又被地心引力拉住，环绕在地球周围，就形成了薄薄的原始大气层。经过长期的地壳运动，在地球内部气体的释放和地心引力的作用下，大气层就变得越来越厚了。

44

天气与天气过程 >

天气是指某一地区、在某一时段内由各种气象要素综合体现的大气状态，大气中发生的阴、晴、风、雨、雷、电、雾、霜、雪等都是天气现象，它们的产生都与天气系统的活动有密切的关系，而天气与人类的生活、社会、经济活动有着十分密切的关系。人类影响气候，气候也影响人类。短时间的气候变化，特别是极端的异常气候现象，如干旱、洪涝、冻害、冰雹、沙暴等等，往往会造成严重的自然灾害，足以给人类社会带来毁灭性的打击。

气候与天气的关系 〉

地球大气经常在运动和变化着，因此人们看到的天气现象总是处在千变万化之中。有时晴空万里，风和日丽；有时浓云密布，风狂雨骤，具有瞬息万变的特征。天气就是指一个地方在短时间内气温、气压、温度等气象要素及其所引起的风、云、雨等大气现象的综合状况。

天气是瞬息万变的，但它的变化是有一定规律的。在大气运动过程中，不同性质气团的矛盾斗争，形成不同的天气系统，而每种天气系统都具有一定的天气特点。因此，掌握天气系统的演变和移动规律就能分析出未来的天气变化。

即使在同一纬度、同一地区，由于山地、高原、森林、沙漠等下垫面性质的不同，又有山地气候、高原气候、森林气候、沙漠气候之分。"一山有四季、十里不同天"、"南枝向暖北枝寒，一种春风有两般"等农谚，就是山地气候的生动写照。

山上的气温为何比地面低 ＞

爬过山的人都有过这种感觉,爬得越高,就越觉得冷。这就怪了,山越高,离太阳越近,应该比地面上要暖和才对呀,为什么却比地面上冷呢?其实,地球离太阳非常非常远,所以,尽管山顶比地面离太阳近一点点,但实际上是没什么差别的。而大气的温度高低主要是受地面释放热量的影响。所以,山顶的海拔越高,离地面越远,大气获得的地面辐射的热量就越少,气温也就越来越低了。这就可以解释我们见过的许多大山,如喜马拉雅山,为什么会山脚下春意盎然,山顶上却是冰雪覆盖了。也正是这个原因,在炎热的夏季,许多人都会选择到海拔很高的山上避暑。我国就有许多这样的高山避暑胜地,如庐山等。

为什么森林能调节气温 〉

炎热的夏天，如果我们走进森林，就会感到非常清凉；到了寒冷的冬天，外面寒风凛凛，森林里却非常暖和。森林还真像一个巨大的绿色空调，它到底是怎样调节气温的呢？原来，树木在夏天进行光合作用和蒸腾作用的速度比较快，能迅速把水分释放到空气中，水分的蒸发带走了热量，森林里就凉快下来了；冬天，树木的光合作用和蒸腾作用都慢吞吞的，热量很难散发出去，而且阳光直射进落叶的林间，也能增加森林的温度，所以森林里就会感觉比较暖和。森林不仅能调节自身温度，对整个周边环境也同样能起到调节气温的作用。因为它能大量吸收二氧化碳，而二氧化碳又是气候变暖的主要因素，所以森林是一个不折不扣的大自然的"绿色空调"。

为什么晴空是蔚蓝色的 〉

天气晴朗时，我们看到的天空总是蔚蓝色的。我们都知道，空气是没有颜色的。那么，晴空为什么会呈现蔚蓝色呢？其实，这一切都是太阳光的杰作。太阳光是由赤、橙、黄、绿、蓝、靛、紫7种颜色的光组成的。赤、橙、黄、绿4种颜色的光波波长较长，能迅速地穿过大气层，到达地面上。但是，蓝、靛、紫色的光波波长很短。因此很容易被悬浮在空气中的微尘阻挡，一部分光线会向四面八方散射开来。其中，以蓝色光散射得最为厉害。所以，在地面上看到的天空总是呈现蔚蓝色。

为什么雨后会出现彩虹 ＞

一场大雨过后，有时我们会看见一条美丽的彩虹像七彩的桥一样横跨在空中。彩虹到底是哪里来的呢？我们知道，白色的太阳光其实包含着红、橙、黄、绿、蓝、靛、紫7种颜色的光线。在雨后放晴的时候，天空中仍残留着一些小水珠，白色的阳光就会被小水珠折射和反射。由于不同颜色的光有不同的折射率。它们通过水珠会被反射到稍微不同的方向。这样各种颜色的光就分散出来，形成了五颜六色的美丽彩虹。

为什么天上的云彩会变色 ＞

天空中的云有时洁白，有时乌黑，有时还会变成红色或橙色。云难道有变色的本领吗？其实，云的颜色与云的厚度有关系。天空中的云彩厚薄各不相同，有的云彩很薄，只有几十米，而有的云彩很

厚，可达七八千米。光线容易透过很薄的云，所以薄的云看起来就比较明亮。日出和日落时，太阳光斜着穿过很厚的大气层，使得许多光都被散射了。但红色、橙色光却散射得不多，照射到大气层时，使日出、日落方向的天空呈现红色或橙色，就连被它照亮的云层底部和边缘也"染"上了色。所以我们才看到色彩各异的云彩。

为何云朵的形状会变化 ＞

天上的云不仅色彩多变，形状也是变化多端的，有时像人，有时像山峰，有时像河流。难道云朵会变魔术吗？实际上，这一切都是太阳、空气、水和风共同作用的结果。在阳光、空气和水的作用下，天空中形成了各种各样的云朵。冷热不均的空气形成了风。风总是四处游荡，把云朵吹得到处跑，云朵的形状也就随着发生了变化。空气的冷热变化使云朵

的形状千变万化，往往使天气产生阴晴变化。所以，云朵的变化还能向人们预报天气的变化呢。

天上为什么会刮风 >

地球吸收太阳的热量，由于地面每个部位受热的不均匀，空气的冷暖程度就不一样，暖空气膨胀变轻后上升；冷空气冷却变重后下降，这样冷暖空气便产生流动，形成了风。

天上为什么会有雾 >

那是因为陆地上的水蒸发后升到天空中，天空中较高的地方温度低，所以水蒸气遇冷液化成小水滴，人们在陆地上就能看到雾了，其实雾就是无数个小水滴组成的。

天上为什么会下霜 >

霜是一种物理现象，是空气中的水蒸气遇冷凝华成小冰粒，古人不知道，以为是天上降下来的，所以才有霜降这个节气。霜是露水在植物的叶面上，当空气温度降低到一定的程度时凝结而成的。

天上为什么会下雨 ＞

下雨是一种普通的自然现象。主要发生在夏季。雨来临时，天空中往往积聚了许多云，看来雨与云关系很密切。我们已经知道云是由许多依附在空气杂质上的小水滴组成的，那么雨是怎么形成的呢？原来，当云层中的小水滴凝结成足够大的雨滴时便无法继续飘浮在空中，于是在重力的作用下落下来，形成降雨。实际上，凝结只是形成雨滴的过程之一，在大部分中纬度地区，雨滴是在含冰水混合物的普通稀薄云层中生成的，降落到地面形成降雨。

打雷、闪电是怎么回事 ＞

大家都听过雷声、见过闪电，它们常常随着暴雨而来，向大地"发威"。那么，天上为什么会有打雷、闪电呢？它们与雨水有什么关系呢？原来，闪电常常发生在积雨云中，云中的不同成分相互摩擦使云层带上了电。当电量积累到一定程度时，就会在云层内部释放出来，也有一部分击穿云层，在云与地面之间释放出来，形成耀眼的闪电。云层在放电的同时，也会释放出很多的热量，使周围的空气很快受热膨胀，而发出很大的声音，这就是雷声。

为什么夏季里会下冰雹 ＞

夏天，天上有时候会突然刮起大风，电闪雷鸣，然后随着倾盆大雨降下一颗颗的冰块。它们可能小得像米粒，也可能大得像鸡蛋，这就是冰雹。炎热的夏天，近地面产生的大量暖湿空气在上升过程中，与上层的冷空气发生强烈的对流，在空气中就形成了厚厚的积雨云，这种积雨云增长到一定厚度时，就可能发展成冰雹云，云层中的水滴冻结成了冰晶，水滴再冻结在冰晶表面，形成冰雹。冰雹越变越大，直到云层再也撑不住时，冰雹就掉到地面上了。

绚丽的极光是如何形成的 ＞

在地球的南、北两极附近有时会出现奇异的光现象，色彩绚丽的光高悬在空中，发出强烈的光芒，并且不断变化着形状，这种奇异的光被称为极光。极光再现的高度一般在离地面100—500千米的高空，那里的空气十分稀薄，只有人造卫星可以在这一高度经过。那么，极光是如何在这样的条件下形成的呢？极光的形成是太阳活动与地球大气层共同作用的结果。原来，太阳内部和表面一直在进行着各种核反应，所产生的强大带电微粒像风一样以极大的速度"吹"向四面八方。当这种"太阳风"吹入地球两极外围的高空大气时，就会与气体分子猛烈地撞击并产生发光现象。极光就这样形成了。

离奇的佛光是如何产生的 ＞

有时，人们登上高高的山顶，会看到云雾间有一个巨人般的幻影，幻影周围还套着一圈彩色光环，看起来很像佛教传说中菩萨显灵的"佛光"，所以人们将这种现象称为佛光或宝光。这种离奇的佛光到底是怎么产生的呢？其实，佛光的原理有点像彩虹，太阳光线射入云雾中后，经过云雾中的冰晶或水滴的反射、折射和衍射等复杂的光学作用，从而产生了美丽的影像。佛光往往不像彩虹那样清晰分明，而是像水彩画那样湿润地融合在一起。

一年四季

一年四季，春夏秋冬，我们每个人都要走过，都经历过。然而，大家是否驻足聆听过四季的心声，又是否认真感受过四季赋予大自然的一切事物呢？

春天花儿格外香 〉

爆竹声中一岁除,春风送暖入屠苏,让我们一起来触摸春天的心跳。

柳树舒展开了嫩绿的枝条,在微微的春风中轻柔的拂动;夹在柳树中间的桃树也开出了鲜艳的花朵,绿柳红花,交相辉映,真是美极了;温暖的春风,吹绿了一望无际的麦田,吹皱了静静流淌的河流;甘美的春雨,像蛛丝一样轻,像针尖一样细,像毛绒一样长,像筛子筛过一样密密地向大地飞洒着,滋润着一切生灵……一年之计在于春。这是一句老话、一句实话,因为春天是播种希望的季节。种瓜得瓜,种豆得豆,啥也不种,啥也不得。这是亘古不变的自然法则。

一年之计在于春 〉

在春季,地球的北半球开始倾向太阳,受到越来越多的太阳光直射,因而气温开始升高。随着冰雪消融,河流水位上涨。春季植物开始发芽生长,许多鲜花开放。冬眠的动物苏醒,许多以卵过冬的动物孵化,鸟类开始迁徙,离开越冬地向繁殖地进发。许多动物在这段时间里发情,因此中国也将春季称为"万物复苏"的季节。春季气温和生物界的变化对人的心理和生理也有影响。

春季是一年的第一个季节,有很多划分四季的方法。在日常生活中,人们通常把立春节气的到来作为春季的开始,立春是从天文学角度来划定的。气象部门一般以阳历划分四季,3—5月为春季。但这样的划分方法都有个弊端,按这样的方法3月份我国都属于春季,这时候长江以南固然桃红柳绿,一派春光,可是黑龙江省却依然寒风刺骨冰天雪地,而海南岛则已经有夏日的气息了。

因此,气象工作者就研究出一种尽量符合自然景象的四季划分标准,以5天平均气温为标准,把冬季以后5天平均气温稳定通过10℃时开始进入春季，当温度高于22℃时意味着春季的结束夏季的开始。

对农民来说，春季是播种农作物的季节。这也是"春雨贵如油"发挥作用的季节，春雨也对农作物有着影响，这对果实生长还有着极大的影响。在春季我们要及时清理田地中的杂草，不然杂草会吸收农作物养分使其干枯甚至死亡。

由于热空气开始北移，而冷空气还依然徘徊，此外土地、水域与空气温度上升的速度不同，春季在地球上许多地方是最多雨的季节。在中国江南地区有著名的黄梅天气，在欧洲时常有很强的风暴，在北美洲往往出现龙卷风，而北方多数会出现大风天气。

地球赤道与其公转轨道交角是四季更迭的根本原因。春季太阳直射点从南回归线逐渐北移，春分之后越过赤道，太阳直射北半球。在春季，地球与太阳的距离由近渐远。每年的1月3日左右地球距离太阳最近。

春天的农谚

早春晚播田：立春日如在上年十二月内谓之早春，若播种莫过早也不过迟，按季节行事。

春寒雨若泉，冬寒雨四散：春天气温低则多雨，冬天气温低雨反而少。

惊蛰闻雷米似泥：惊蛰日打雷，表示节气无误，风调雨顺，稻丰收，米价便宜。

二月二打雷，稻米较重捶：表示节气无误，风调雨顺，稻丰收，米价便宜。当天，如果春雷乍响，这一年收成很好。

春分

天寒，春不寒；春雨，春不雨：如果立春那一天天气寒冷，那么整个春季的气候就不会再冷下去；如果立春那一天下雨，那么春季的雨量就会少。

春天孩子面：春季是介于寒冬与盛夏之交，这时南方气候开始暖和，而北方还在寒冷中，南北温差很大。所以春天的天气变化无常。此时，北方的冷空气和南方的暖流常常交汇冲突，发生了气旋，天气更转为阴雨。气旋过后，天又转晴，这好像小孩子破涕为笑，故言"春天孩子面"。

竹外桃花三两枝，春江水暖鸭先知。（苏轼《题惠崇春江晓景》）："春江水暖鸭先知"，这一千古名句细致逼真地抓住大自然中的节气变化特点，生动形象地勾出江南早春的秀丽景色。

为什么春天百花盛开 ❯

当寒冬封锁大地的时候，到处是枯枝败叶；由于阳光不足，雨水也很少，所以大部分花不开。但是立春过后，太阳照射时间长，阳光开始充足起来，大地已经解冻，土壤中的水分也较多，雨水也比较多，天气比较暖和，各种植物竞相生长，是花朵盛开的大好时机。所以说春天来了百花开。

夏天阳光格外酷 ❯

春天总是短暂的，不知不觉中夏日走近，让我们共同聆听夏日的絮语。

夏天，在酷热之中又蕴藏着些许生机，"漠漠水田飞白鹭，阴阴夏木啭黄鹂。"夏鸟飞翔在空中，唱着婉转的歌曲，为这炎炎夏日增添了几分清凉；"荷叶罗裙一色裁，芙蓉向脸两边开。"荡漾在池塘中的夏花，又为夏日平添了几分生机；"风声撼山翻怒涛，雨点飞空射强弩。"

58

在这烈日当空的夏日，偶尔也会雷雨阵阵，此时，倚栏远眺，别有一番情趣……

炎炎夏季 ❯

在中国夏季从立夏（5月5日至7日之间）开始，到立秋结束；西方人则普遍称夏至至秋分为夏季。在南半球，一般12月、1月和2月被定为夏季。气候学意义上讲：连续5天平均温度超过22℃算作夏季，直到5天平均温度低于22℃算作秋季。

在北半球的夏季，各类生物已经恢复生机，大都开始旺盛的生命活动。很多生物会在夏季繁殖后代，各种动物选择夏季交配，生育；植物竞相开花结果。这主要是由于在夏季气候最热，各类食物丰富，而且对于卵生动物，卵更易于孵化。

北半球的夏季气温高是最显著的气候特征，因地域、干湿环境的不同，会产生炎热干燥或者湿热多雨的气候。在中国，沿岸地方在5月份因为内陆受热，西南地区形成低气压引起西南季风，西南季风在约5月到达中国沿海等地，此时东北季风会受到西南季风的阻挡，夏天很少被影响到，8月末到9月中旬才会受到其影响。中国以第一批西南季风到达为标志，进入夏季。

夏季是许多农作物旺盛生长的最好季节，充足的光照和适宜的温度给植物提供了所需的条件。大多地区会受到低气压影响，气候相对稳定。但是在赤道附近的海洋上会形成台风，容易对周围地区造成破坏影响。

夏季太阳直射点一直处在北半球。起初向北移动，夏至时到达北回归线，之后向南"回归"。夏季是北半球日照最长的季节，在北极圈会出现极昼，太阳终日不落。在7月1—3日，地球会运动到公转轨道的最远点。

夏天为什么炎热 >

北半球是夏天热，因为太阳在夏天时离北半球最近，日照时间长，太阳高度角大，所以会热。因为受季风活动影响东南季风将太平洋海面上的热带气流吹向中国大陆导致温度升高。因为温度高，人体温度和外界温度温差小，导致体内温度产生的热量散不出去，就热了。

适合夏季食用的食物 >

• 最佳调味品——醋

醋在烹调中必不可少，夏季菜中放醋更是有益。其一，醋能杀菌。夏天细菌繁

殖活跃、肠道传染病增加，此时，醋能对各种病菌有较强的杀伤作用。其二，醋能调节胃肠功能。醋味酸、微甜，带有香味，当你闻到醋香、尝到醋味时，消化液会自然分泌出来，让你保证有旺盛的食欲。

● 最佳蔬菜——苦味菜

俗话说：天热食"苦"，胜似进补。苦味食物中含有氨基酸、苦味素、生物碱等，具有抗菌消炎、解热祛暑、提神醒脑、

消除疲劳等多种功效。

中医学认为，夏季暑盛湿重，既伤肾气又困脾胃，而苦味食物可通过其补气固肾、健脾燥湿的作用，达到机体功能平衡。常见的"苦"味食物有苦瓜、苦菜、芥蓝等。需注意的是，苦味食品一次别吃太多，否则容易引起恶心、呕吐等不适反应。

● 最佳肉食——鸭肉

鸭肉味甘、咸、性凉，从中医"热者寒之"

的治病原则看，特别适合体内有热的人食用，如低烧、虚弱、食少、大便干燥等病症。此外，鸭肉与火腿、海参共炖，善补五脏之阴；鸭肉同糯米煮粥，有养胃、补血、生津之功；鸭同海带炖食，能软化血管、降低血压，可防治动脉硬化、高血压、心脏病。

● 最佳饮料——热茶

夏日离不开饮料，首选不是各种冷饮制品，也不是啤酒或咖啡，而是极普通的热茶。茶叶中富含钾元素（每100克茶水中钾的平均含量分别为绿茶10.7毫克、红茶24.1毫克），既解渴又解乏。美国的一项研究指出：喝绿茶还可以减少1/3因日晒导致的皮肤晒伤、松弛和粗糙。据英国专家的试验表明：热茶的降温能力大大

超过冷饮制品，乃是消暑饮品中的佼佼者。

• 最佳水果——西瓜

西瓜味甘甜、性寒，民间又叫"寒瓜"，是瓜类中清暑解渴的首选。西瓜营养十分

丰富，含有人体所需的多种营养成分。因其含有96.6%的水分，能补充夏天人体散失的大量水分，因此民间有"每天半个瓜，酷暑能算啥"的说法。夏天出现中暑、发热、心烦、口渴或其他急性热病时，均宜用西瓜进行辅助治疗。西瓜皮也可用来凉拌、炒菜吃。

• 最佳粥——绿豆粥

夏天多吃粥类食品，是我国传统的保健方法，对身体大有好处。喝粥最好喝绿

豆粥，绿豆性凉，有清热解暑的功效。用于防暑的粥还有荷叶粥、鲜藕粥、生芦根粥等。

• 最佳抗疲劳食物——果蔬汁

夏天四肢倦怠时，多喝些果蔬汁是不错的选择。因为新鲜果蔬汁能有效地为人体补充维生素以及钙、磷、钾、镁等矿物质，

可以增强细胞活力及肠胃功能，促进消化液分泌、消除疲劳。需要注意的是，制作果蔬汁时最好选用两三种不同的水果、蔬菜，每天变化搭配，可以使不同营养物质

均衡吸收。果蔬渣也不可错过，搅拌均匀后配上蜂蜜一起吃下去最好。

• 最佳防晒食物——西红柿

德国和荷兰两国科学家的研究结果表明，多吃西红柿可防晒。如果每天食用40克西红柿酱，被太阳晒伤的风险将减少40%。科学家认为，这可能是番茄红素在起着主要的作用。

• 最佳保健措施 ——定时起睡

夏天的正午时分，周围环境的温度十分高，人体的体表血管常常会扩张，大量血液集中于皮肤，造成了体内血液分配不平衡现象。特别是脑子的血液减少，加上经过一个上午的学习、工作和劳动，于是人便感到精神不振，昏昏欲睡。其次，夏天昼长夜短，天气闷热，夜睡不安，常常睡得晚、起得早，以至睡眠不足，所以人

一到中午就感到精神困顿。午睡好比运动过程中的一次缓冲，经过午睡以后，人们的疲劳消除了，这对下午工作时保持充沛精力是有利的。因此早睡早起再加上午睡能够保证我们一天的足够的精力。各种生理状况也可以有序进行。

秋天硕果格外甜 >

秋天，一个令人充满无限遐想的季节，在一望无边的田野，高粱笑红脸，谷子笑弯了腰，棉田白似雪，瓜果蔬菜满山坡。蔚蓝色的天空，一尘不染，晶莹透明，朵朵霞云照映在清澈的河面上；鱼鳞般的微波，碧绿的江水，增添了浮云的色彩，分外绚丽。

秋天是收获的季节，大地上处处洋溢着丰收的喜悦，处处散发出努力和回

报的温馨，透过喜悦和温馨，总能让人体会到这背后的艰辛和汗水，让丰收更有韵味。吃着月饼，赏着月光，感悟生活的甜蜜。

春秋季。阴历7—9月从立秋到立冬，阳历为9—11月，天文为秋分到冬至这一段时间。在中国秋季从立秋开始，进过初秋、中秋和深秋，到立冬结束。

秋高气爽 ❯

秋季是春夏秋冬四季之一。秋季的时候，自然景观最明显的变化在树木上面，城市社会开始清扫大量的落叶，山区则涌进不少观赏枫红的游客们。

根据平均温度划分四季，其指标是连续5天平均气温低于10℃的时期为冬，高于22℃时期为夏，10—22℃期间分别为

气象工作者研究的物候学标准是：炎热过后，5天平均气温稳定在22℃以下时就算进入了秋季，低于10℃时秋季结束。

从我国秋始日期分布图上可以看出，东北地区是我国东部秋始来的最早的地方。进入秋季，北方冷空气不断侵入，但势力不是很强，常在我国北方形成秋高气爽的天气，华西常有绵绵秋雨出现。

总体来讲，进入秋季，太阳高度角渐低，温度渐降；秋风送爽、炎暑顿消、硕果满枝、田野金黄。此外，在潜伏中的也有同名的人物形象"秋掌柜"。

秋季是收获的季节，很多植物的果实在秋季成熟。在北半球亚热带地区相对于夏季，秋季的气温明显下降。随着气温的下降，许多落叶多年生植物的叶子会渐渐变色、枯萎、飘落，只留下枝干度过冬天。

秋季太阳直射点从北半球逐渐南移，秋分之后越过赤道，太阳直射南半球。从北半球看来，太阳的角度渐渐变低，昼夜长短差距变小。在秋分时，昼、夜等长。在秋季，地球与太阳的距离由远渐近。从黄道平面看来，太阳位于狮子座、处女座、天秤座的背景上。

秋天树叶为啥会变黄 〉

所有的树叶中都含有绿色的叶绿素，树木利用叶绿素捕获光能并且在叶子中其他物质的帮助下把光能以糖等化学物质的形式存储起来。除叶绿素外，很多树叶中还含有黄色、橙色以及红色等其他一些色素。虽然这些色素不能像叶绿素一样进行光合作用，但是其中有一些能够把捕获的光能传递给叶绿素。在春天和夏天，叶绿素在叶子中的含量比其他色素要丰富得多，所以叶子呈现出叶绿素的绿色，而看不出其他色素的颜色。

当秋天到来时，白天缩短而夜晚延长，这使树木开始落叶。在落叶之前，树木不再像春天和夏天那样制造大量的叶绿素，并且已有的色素，比如叶绿素，也会逐渐分解。这样，随着叶绿素含量的逐渐减少，其他色素的颜色就会在叶面上渐渐显现出来，于是树叶就呈现出黄、红等颜色。

冬天冰雪格外美 >

晚秋已逝，初冬降临，在这漫天飘雪的季节，我们感受到了冬天的纯洁。的确，冬天是纯洁的，雪落无声，掩埋了世界上的一切丑恶。"飘飘送下遥天雪，飒飒吹于旅命烟。"凛冽的寒风呼呼地刮着，刮走了人们所有的忧郁和不快，保留了内心深处的那份善良。"不是一番寒彻骨，争得梅花赴鼻香。"一剪寒梅傲立雪中，向人们展示着生命的可贵……

寒冬"腊月" >

冬季是四季之一。秋春之间的季节天文学上认为是从12月至3月。中国习惯指立冬到立春的3个月时间，也指农历"十、十一、十二，"一共3个月。在南北半球所处的时间不同。在南半球，冬季在6、7、8月份，在北半球，冬季在12、1、2月份。在中国，冬季从立冬开始，到立春结束，西方人则普遍称冬至春分为冬季。从气候学上讲，平均气温连续5天低于10℃算作冬季。

冬季在很多地区都意味着沉寂和冷清。生物在寒冷来袭的时候会减少生命活动，很多植物会落叶，动物会选择休眠，有的称作冬眠。候鸟会飞到较为温暖的地方越冬。

在北半球，冬季是最寒冷的季节，即使温带的气温也可能降到0℃以下。在冬季，很多地方会经历降雪，有些地方的冰雪到春天才会融化。

冬季太阳直射点向南移动到南回归线，再折回向北。

雪花的形状 ⟩

迄今为止，我们已经知道雪花有2万种不同的图案。不过它基本上是六角形的。但是大自然中几乎找不出两朵完全相同的雪花，就像地球上找不出两个完全相同的人一样。许多学者用显微镜观测过成千上万朵雪花，这些研究最后表明，形状、大小完全一样和各部分完全对称

的雪花，在自然界中是无法形成的。在已经被人们观测过的这些雪花中，再规则匀称的雪花也有畸形的地方。为什么雪花会有畸形呢？因为雪花周围大气里的水汽含量不可能左右上下四面八方都是一样的，只要稍有差异，水汽含量多的一面总是要增长得快一些。

雪花有多大？雪花最大的直径不超过2毫米。我们常见的鹅毛大雪，那种雪片似在降落过程中，许多雪花黏结在一

块形成的。

雪花有多重？雪花非常轻，5000朵到1万朵雪花才有1克重。1立方米新雪有60亿朵到80亿朵雪花。

没有四季的南极 ⟩

春夏秋冬，四季轮回，是大自然赐予人间最美丽的景色。春来冬往，花谢花开，记忆深埋那片心海。但是在这个世界上，有一块地域，它没有春夏秋冬，没有花开花落，它是哪里？

在南极的南极点上，大自然赐予人间的四季轮回不复存在，关于昼和夜的概念也不适用了。这里，一昼一夜不是一天，而是一年。每年南半球春分那天，太阳从地平线上升起以后，就一直在低空打转转，直到半年以后的南半球秋分那天，才慢慢地从地平线上消失，接下来又

是半年漫长的黑夜。在南极点，一年只有一个白天，一个黑夜。全年有4个月的极昼，4个月的极夜，2个月的黄昏，2个月的黎明。这是一片让人向往的圣洁土地，这是人类共同瞩目的最后一块大陆。这里有壮美的冰山、美丽可爱的动物，当你踏上这片土地的时候心灵无不受到极大的震撼。

为什么世界各国的季节不同 >

由于世界各国纬度不同、地理位置不同、海陆性质不同、植被不同、地形地貌不同，所以各国的季节也不同。最重要的是纬度不同和海陆性质不同。

由于地球的自转轴和公转轴之间有一定的夹角，也就是说地球在绕太阳斜着转，当然太阳射到地球的某一区域的情况就不会一直不变，会呈现出一定的规律性，也就是"四季"。由于地球的运动有着自转和公转，这两种因素结合起来，造成了春夏秋冬不同季节的寒暑变迁。但是，这种寒暑的变迁并不是由于日地距离的远近这种微小（约500&127;万千米）的变化引起的，而是由于不同季节时太阳对地面直射还是斜射以及日照时间的长短造成的。对于我们，即对于北半球中纬度地区的人们而言，"夏至"前后，中午时阳光几乎垂直地照射地面，而"冬至"前后，中午时阳光则十分倾斜地射向地面。而照射角度的大小决定了大地接收热量的多少，从而造成了气温的高低。此外，"夏至"前后，太阳从东北方升起，西北方落下，太阳在地平之上的时间很长，这种昼长夜短的情况使地面处于长时间光照之中，更加剧地面气温的升高；相反，在"冬至"前后，太阳从东南方升起，西南方落下，太阳在地平之上的时间甚短，这种昼短夜长的局面更加剧了地面的降温。于是炎热的夏天和寒冷的冬天便形成了。至于"春分"和"秋分"前后，太阳照射的角度介于上述两种情况之间，而且太阳从正东附近升起，正西附近下落，昼夜长短相近，这种情况也介于"夏至"和"冬至"前后之间，于是便形成了春季和秋季。 正是由于太阳照射角度的变化和日照时间的长短这两种因素的共同作用，造成了春夏秋冬四季的变化，而这两种因素则是由于地球既在自转又在公转造成的。

生活在世界上的每一个人都是要饿了吃，渴了喝，日出而作，日落而息。这要感谢大自然的造化，为人类开创了美丽的家园——人类赖以生存的地球。

67

二十四节气

二十四节气起源于黄河流域。远在春秋时代就定出仲春、仲夏、仲秋和仲冬等4个节气。以后不断地改进与完善，到秦汉年间，二十四节气已完全确立。公元前104年，由邓平等制定的《太初历》，正式把二十四节气定于历法，明确了二十四节气的天文位置。

太阳从黄经零度起，沿黄经每运行15度所经历的时日称为"一个节气"。每年运行360度，共经历24个节气，每月2个。其中，每月第一个节气为"节气"，即：立春、惊蛰、清明、立夏、芒种、小暑、立秋、白露、寒露、立冬、大雪和小寒等12个节气；每月的第二个节气为"中气"，即：雨水、春分、谷雨、小满、夏至、大暑、处暑、秋分、霜降、小雪、冬至和大寒等12个节气。"节气"和"中气"交替出现，各历时15天，现在人们已经把"节气"和"中气"统称为"节气"。二十四节气反映了太阳的周年式运动，所以节气在现行的公历中日期基本固定，上半年在6日、21日，下半年在8日、23日，前后不差1—2天。

节气也有分类 〉

二十四节气按照所反映的现象不同可划分为以下3类：

第一类是反映季节的。二分（春分、秋分）、二至（夏至、冬至）和四立（立春、立夏、立秋、立冬）是用来表明季节，划分一年为四季的。二分、二至是太阳高度变化的转折点。因为是从天文角度上来划分的，所以适用于中国全部地区。四立便不尽然。尽管也从天文上反映季节的开始，由于中国地域辽阔，气候的季风性和大陆性都极为显著，各地气候悬殊，因此各地四季开始日期和其持续时间并不相同，有些地区四季分明，有些地区不甚明显，甚至某一地区整个季节都不出现。例如黑龙江省瑷珲以北和青藏高原的高寒地带便没有夏季。青藏高原上流传着："六月暑天犹着棉，终年多半是寒天"。华南福州以南没有冬季，有些地区几乎全年都是夏季，真是"草经冬不枯，花非春亦放"，"四时皆是夏，一雨便成秋"。云贵等高原又是一番景象，冬短而无夏，昆明就有"四季如春"之称。所以四立虽是从天文上划分得来，却有很强的地区性，它不能适应于全国。

第二类是反映气候特征的。直接反映热量状况的有小暑、大暑、处暑、小寒、大寒5个节气，它们用来表示一年中不同时期寒暑的程度以及暑热即将过去等都很确切。直接反映降水现象的有雨水、谷雨、小雪、大雪4个节气，表明降雨、降雪的时间和强度。此外，白露、寒露、霜降3个节气虽说是水汽凝结、凝华现象，但也反映出温度逐渐下降的过程，和每个节气温度下降的程度。先是温度开始降低，水汽凝露较多；以后温度下降更甚，不仅露更多，而且凉起来，但还未结冰；最后温度降至摄氏零度以下，水汽凝华为霜。从农业生产上看，这3个节气的热量意义大于它们的水分意义，具体而生动。

第三类是反映物候现象的。小满、芒种反映有关作物的成熟和收成情况；惊蛰、清明反映自然物候现象，尤其是惊蛰，它用天上的初雷和地下蛰虫的复苏，向天地万物通报春回大地的信息。

春季节气 ❯

• 立春节气

立春位居二十四节气之首，人们十分重视这个节气。3000年前中国就有迎春仪式，至今已形成了许多固定的风俗习惯。

每年的公历2月4日左右为立春，此时太阳达到黄经315°，是农历二十四节气的第一个节气。立春表示春季开始，万物有了勃勃生机，一年四季从此开始了。

春天已经到来，然而冬天的寒冷还未消失殆尽，它需要经过很长的时间才能慢慢消融，大地解冻才能使万物复苏，才能有万物生长的土壤。

立春不仅是个重要节气，也是一个重大节日，中国民间将其称为立春节，并有吃春饼、鞭春牛等趣味习俗。立春这天，一项重要习俗就是"咬春"。北方吃的食品是春饼，而南方则流行吃春卷。吃春饼和春卷，是人们对"一年之计在于春"的美好祝福。因此，这一习俗一直延续至今。值得一提的是，立春这一日，中国民间"咬春"的另外一种食品是萝卜。比较普遍的说法是可以解春困。其实其意义并不限于此，除解困外，萝卜还可以解酒、通气，具有营养、健身、祛病等功效。除"咬春"外，民间还有"打春"习俗，又叫"鞭春牛"、"鞭土牛"，起源较早，这种方式体现了人们对五谷丰登的美好期盼。因为春牛在塑制时，往往要在肚子里塞上五谷，当牛被打烂时，五谷就流了出来。人们欢笑着拾起谷粒放回自己的仓中，预示仓满粮足。一些农村仍有"鞭春牛"的风俗。立春作为春季的开始，"律回岁晚冰霜少，春到人间草木知"，形象地反映了立春时节的自然景象。时至立春，人们会明显感觉到白天变长了，太阳也暖和多了，气温、日照、降水趋于上升或增多。

> ### 立春与生肖
>
> 立春过去的确是叫"春节"，只是在民初时期，立春被农历新年夺走了"春节"的称谓而已，并不表示立春才是新年，看过史书的人都知道这个常识，只是有些不懂的人以讹传讹，又反变成立春才是新年，真正的新年一直就是大年初一。但是，生肖却不是以新年为界的，而是以立春为界，因立春是农历天干地支纪年里每年的第一天，是每年干支进入下一年干支的一天，而动物生肖只是十二个地支的代称而已。

• 雨水节气

雨水节气一般从 2 月 18 日或 19 日开始，到 3 月 4 日或 5 日结束。太阳的直射点也由南半球逐渐向赤道靠近了，这时的北半球，日照时数和强度都在增加，气温回升较快，来自海洋的暖湿空气开始活跃，并渐渐向北挺进。与此同时，冷空气在减弱的趋势中并不甘示弱，与暖空气频繁地进行着较量，既不甘退出主导的地位，也不肯收去余寒。

雨水节气的含义是降雨开始，雨量渐增，在二十四节气的起源地黄河流域，雨水之前天气寒冷，但见雪花纷飞，难闻雨声渐沥。雨水之后气温一般可升至 0 ℃以上，雪渐少而雨渐多。可是在气候温暖的

南方地区，即使隆冬时节，降雨也不罕见。我国南方大部分地区这段时间平均气温多在 10℃以上，桃李含苞，樱桃花开，确已进入气候上的春天。除了个别年份外，霜期至此也告终止。华南继冬干之后，常年多春旱，特别是华南西部更是"春雨贵如油"。

雨水不仅表明降雨的开始及雨量增多，而且表示气温的升高。雨水前，天气相对来说比较寒冷。雨水后，人们则明显感到春回大地，春暖花开和春满人间，沁人的气息激励着身心。

但是，雨水季节北方冷空气活动仍很频繁，天气变化多端。既然说到这个季节

冷空气活动频繁，就不能不提人们常说的"春捂"。这是古人根据春季气候变化特点而提出的穿衣方面的养生原则。初春阳气渐生，气候日趋暖和，人们逐渐去棉穿单。但此时北方阴寒未尽，气温变化大，虽然雨水之季不像寒冬腊月那样冷冽，但由于人体皮肤腠理已变得相对疏松，对风寒之邪的抵抗力会有所减弱，因而易感邪而致病。

这时的大气环流处于调整阶段，全国各地的气候特点，总的趋势是由冬末的寒冷向初春的温暖过渡。

- ## 惊蛰节气

传统上为春季，第三个节气。即视太阳在黄道上自黄经345°—360°（0°）的一段时间，每年3月5日（或6日）开始，至3月20日（或21日）结束，约15天。

"惊蛰"，是"立春"以后天气转暖，春雷初响，惊醒了蛰伏在泥土中冬眠的各种昆虫的时期，此时过冬的虫卵也将开始孵化，由此可见"惊蛰"是反映自然物候现象的一个节气。然而真正使冬眠动物

苏醒出土的，并不是隆隆的雷声，而是气温回升到一定程度时地中的温度。有谚语云："惊蛰过，暖和和，蛤蟆老角唱山歌"，"雷打惊蛰谷米贱，惊蛰闻雷米如泥"。这是说惊蛰日或惊蛰日后听到雷声是正常的，风调雨顺，是个好年景。

"惊蛰"节气后，南方暖湿气团开始活跃，气温明显回升。常年节气平均气温淮北地区为6—7℃，淮河以南地区为7—8℃，比"雨水"节气升高3℃或以上。该节气内黄淮地区的气温自南向北先后稳定升至5℃以上，而气温稳定升至5℃，是

农业生产的重要气象界限温度，它预示着树木开始发芽、春长，春播作物开始播种。常年节气平均降雨量淮北地区为15—20毫米，淮河以南地区为20—40毫米。

- ## 春分节气

春分时昼夜平分，从每年3月20日（或21日）开始至4月4日（或5日）结束。狭义上指春分开始，视太阳经过黄经0°与赤道交点（升交点）的时刻；即在3月

20 日（或 21 日）。因这个时刻处于春季的中点，这交点也称为春分点。春分点和秋分点，合称为二分点。春分点系天文学名词，全球通用；但南半球的春分点指东经 180° 与赤道的交点，太阳在 9 月 23 日（或 24 日）经过此点。中国文献中指的春分点，通常指黄经 0° 与赤道的交点。春分点的确定，始于商代（约在公元前 18 — 20 世纪）。

此时，中国大部分地区的越冬作物进入春季生长阶段。华中农谚："春分麦起身，一刻值千金"。北京地区，山桃、加拿大杨、连翘、杏树、玉兰等树木相继开花。春分花信："一候海棠，二候梨花，三候木兰。"

春分时节，在中国的西北大部、华北北部和东北地区还处在冬去春来的过渡阶段，晴日多风，乍暖还寒。根据近几年来对沙尘这一地区天气的统计，4 月最多，3 月次之。春分 15 天，正处在 3 月底到 4 月初，在这些地区，大风起的扬沙、高空飘来的浮尘，特别是沙尘暴对大气造成的污染，每每都受到众人的关注，成为一时的热点话题。

• 清明节气

"燕子来时春社，梨花落后清明。"踏着春天的节奏，4 月 5 日中国又将迎来一个重要的传统节日——清明节。

清明是表征物候的节气，含有天气晴朗、草木繁茂的意思。常言道："清明断雪，谷雨断霜。"时至清明，华南气候温暖，春意正浓。清明时节，除东北与西北地区外，中国大部分地区的日平均气温已升到 12℃以上，大江南北直至长城内外，到处是一片繁忙的春耕景象。"清明时节，麦长三节"，黄淮地区以南的小麦即将孕穗，油菜也已经盛花。北方旱作、江南早、中稻进入大批播种的适宜季节。"梨花风起正清明"，这时多种果树进入花期，要注意搞好人工辅助授粉，提高坐果率。华南早稻栽插扫尾，耘田施肥应及时进行。各地的玉米、高粱、棉花也将要播种。但在清明前后，仍然时有冷空气入侵，甚至使日平均气温连续 3 天以上低于 12℃，造成中稻烂秧和早稻死苗，所以水稻播种、栽插要避开暖尾冷头。

"清明时节雨纷纷，路上行人欲断魂。"唐代诗人杜牧的千古名句，生动勾勒出"清明雨"的图景。清明时节正是冷暖空气冲突激烈的时候，势力减弱的北方冷空气和南方的暖湿空气常常在长江一带交锋，致使江南地区常常"乍暖还寒晴复雨"。"清明雨"对植物生长尤为重要，农谚有"清明前后一场雨，强如秀才中了举"之说。

• 谷雨节气

谷雨节气后降雨增多，空气中的湿度逐渐加大，此时我们在养生中应遵循自然节气的变化，针对其气候特点进行调养。同时由于天气转温，人们的室外活动增加，北方地区的桃花、杏花等开放；杨絮、柳絮四处飞扬。雨生百谷。雨量充足而及时，谷类作物能茁壮成长。谷雨时节的南方地区，"杨花落尽子规啼"，柳絮飞落，杜鹃夜啼，牡丹吐蕊，樱桃红熟，自然景物告示人们：时至暮春了。这时，南方的气温升高较快，一般4月下旬平均气温除了华南北部和西部部分地区外，已达20℃—22℃，比中旬增高2℃以上。华南东部常会有一两天出现30℃以上的高温，使人开始有炎热之感。低海拔河谷地带也已进入夏季。华南春季气温较高的气候特点，有利于在大春作物栽培措施上抓早。适宜红苕栽插的温度为18℃—22℃，这时已能满足。

"谷雨前，好种棉"，又云："谷雨不

种花，心头像蟹爬"。自古以来，棉农把谷雨节作为棉花播种指标，编成谚语，世代相传。

夏季节气 〉

• 立夏节气

每年5月5日或5月6日是农历的立夏。"斗指东南，维为立夏，万物至此皆长大，故名立夏也。"此时，太阳黄经为45°，在天文学上，立夏表示即将告别春天，是夏日天的开始。人们习惯上都把立

夏当作温度明显升高，炎暑降临，雷雨增多，农作物进入旺季生长的一个重要节气。

立夏以后，江南正式进入雨季，雨量和雨日均明显增多，连绵的阴雨不仅导致作物的湿害，还会引起多种病害的流行。华北、西北等地气温回升很快，但降水仍然不多，加上春季多风，蒸发强烈，大气干燥和土壤干旱常严重影响农作物的正常生长。

• 小满节气

小满节气，也是夏季的第二个节气。"斗指甲为小满，万物长于此少得盈满，麦至此方小满而未全熟，故名也。"这是说从小满开始，大麦、冬小麦等夏收作物已经结果，籽粒渐渐饱满，但尚未成熟，所以叫小满。小满，太阳黄经为60°。它是一个表示物候变化的节气。所谓物候是指自然界的花草树木、飞禽走兽，按一定的季节时令活动，这种活动与气候变化息息相关。因此，他们的各种活动便成了季节的标志，如植物的萌芽、发叶、开花、结果、叶黄、叶落、动物的蛰眠、复苏、

始鸣、繁育、迁徙等，都是受气候变化制约的，人们把这些现象叫作物候。

• 芒种节气

芒种是二十四节气之一。每年的6月5日左右为芒种，太阳到达黄经75°时开始。中国长江中下游地区将进入多雨的黄梅时节。芒种是表征麦类等有芒作物的成熟，是一个反映农业物候现象的节气。

"五月节，谓有芒之种谷可稼种矣"。意指大麦、小麦等有芒作物种子已经成熟，抢收十分急迫。晚谷、黍、稷等夏播作物也正是播种最忙的季节，故又称"芒种"。春争日，夏争时，"争时"即指这个时节的收种农忙。

"东风染尽三千顷，白鹭飞来无处停"的诗句，生动地描绘了这时田野的秀丽景色。到了芒种时节，盆地内尚未移栽的中稻应该抓紧栽插，农谚"芒种忙忙栽"的道理就在这里。

• 夏至节气

每年的 6 月 21 日或 22 日，为夏至日，此时太阳直射北回归线，是北半球一年中白昼最长的一天，南方各地从日出到日没大多为 14 小时左右。夏至这天虽然白昼最长，太阳角度最高，但并不是一年中天气最热的时候，因为接近地表的热量，这时还在继续积蓄，并没有达到最多的时候。俗话说"热在三伏"，真正的暑热天气是以夏至和立秋为基点计算的。大约在 7 月中旬到 8 月中旬，中国各地的气温均为最高，有些地区的最高气温可达 40℃左右。

"不过夏至不热"，"夏至三庚数头伏"。夏至虽表示炎热的夏天已经到来，但还不是最热的时候，夏至后的一段时间内气温仍继续升高，再过二三十天一般才是最热的天气。过了夏至，我国南方这时往后常受副热带高压控制，出现伏旱。华南西部雨水量显著增加，使入春以来华南雨量东多西少的分布形势逐渐转变为西多东少。如有夏旱，一般这时可望解除。

• 小暑节气

小暑是二十四节气之第十一节气，每年 7 月 7 日或 8 日视太阳到达黄经 105°时为小暑；暑，表示炎热的意思，小暑为小热，还不十分热。意指天气开始炎热，但还没到最热，全国大部分地区基本符合。这时江淮流域梅雨即将结束，盛夏开始，气温升高，并进入伏旱期；而华北、东北地区进入多雨季节，热带气旋活动频繁，登陆我国的热带气旋开始增多。

• 大暑节气

在每年的 7 月 23 日或 24 日，太阳到达黄经 120° 时为大暑。《月令七十二候集解》："六月中，……暑，热也。就热之中分为大小，月初为小，月中为大，今则热气犹大也。"这时正值"中伏"前后，是一年中最热的时期，气温最高，农作物生长最快，大部分地区的旱、涝、风灾也最为频繁，抢收抢种，抗旱排涝防台和田间管理等任务很重。民间有饮伏茶、晒伏姜、烧伏香等习俗。一般说来，大暑节气是华南一年中日照最多、气温最高的时期，是华南西部雨水最丰沛、雷暴最常见、30℃以上高温日数最集中的时期，也是华南东部35℃以上高温出现最频繁的时期。

秋季节气 〉

• 立秋节气

立秋，是二十四节气中的第13个节气，每年8月7、8或9日立秋。"秋"就是指暑去凉来，意味着秋天的开始。到了立秋，梧桐树必定开始落叶，因此才有"落一叶而知秋"的成语。从文字角度来看，"秋"字由禾与火字组成，是禾谷成熟的意思。立秋是秋季的第一个节气，而秋季又是由热转凉，再由凉转寒的过渡性季节。

由于全国各地气候不同，秋季开始时间也不一致。气候学上以每5天的日平均气温稳定下降到22℃以下的始日作为秋季开始，这种划分方法比较符合各地实际，但与黄河中下游立秋日期相差较大。立秋以后，我国中部地区早稻收割，晚稻移栽，大秋作物进入重要生长发育时期。秋的意思是暑去凉来，秋天开始。古人把立秋当作夏秋之交的重要时刻，一直很重视这个节气。

• 处暑节气

处暑，是二十四节气中的第14个节气。处暑节气在每年8月23日左右。此时太阳到达黄经150°。据《月令七十二候集解》说："处，去也，暑气至此而止矣。"意思是炎热的夏天即将过去了。虽然，处暑前后我国北京、太原、西安、成都和贵阳一线以东及以南的广大地区和新疆塔里木盆地地区日平均气温仍在22℃以上，处于夏季，但是这时冷空气南下次数增多，气温下降逐渐明显。

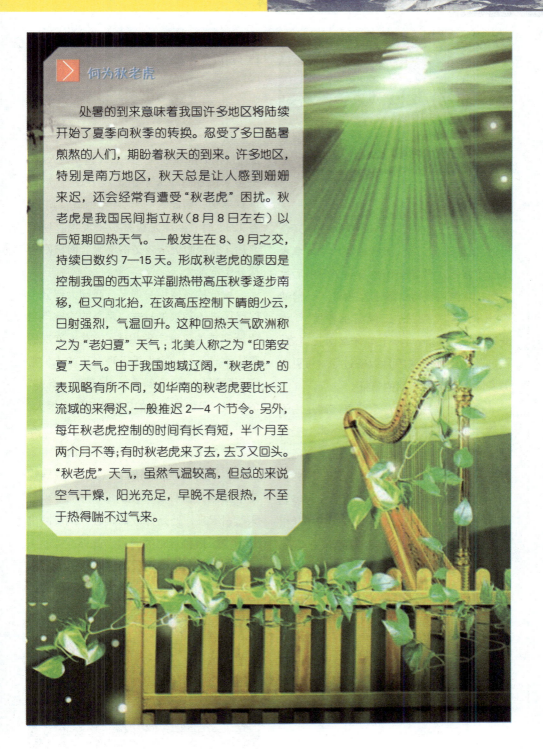

何为秋老虎

　　处暑的到来意味着我国许多地区将陆续开始了夏季向秋季的转换。忍受了多日酷暑煎熬的人们，期盼着秋天的到来。许多地区，特别是南方地区，秋天总是让人感到姗姗来迟，还会经常有遭受"秋老虎"困扰。秋老虎是我国民间指立秋（8月8日左右）以后短期回热天气。一般发生在8、9月之交，持续日数约7—15天。形成秋老虎的原因是控制我国的西太平洋副热带高压秋季逐步南移，但又向北抬，在该高压控制下晴朗少云，日射强烈，气温回升。这种回热天气欧洲称之为"老妇夏"天气；北美人称之为"印第安夏"天气。由于我国地域辽阔，"秋老虎"的表现略有所不同，如华南的秋老虎要比长江流域的来得迟，一般推迟2—4个节令。另外，每年秋老虎控制的时间有长有短，半个月至两个月不等；有时秋老虎来了去，去了又回头。"秋老虎"天气，虽然气温较高，但总的来说空气干燥，阳光充足，早晚不是很热，不至于热得喘不过气来。

白露节气

白露是二十四节气中的第 15 个节气，此时气温开始下降，天气转凉，早晨草木上有了露水。每年公历的 9 月 7 日前后是白露。我国古代将白露分为三候："一候鸿雁来；二候玄鸟归；三候群鸟养羞。"说此节气正是鸿雁与燕子等候鸟南飞避寒，百鸟开始贮存干果粮食以备过冬。可见白露实际上是天气转凉的象征。

白露是 9 月的头一个节气。露是由于温度降低，水汽在地面或近地物体上凝结而成的水珠。所以，白露实际上是表征天气已经转凉。这时，人们就会明显地感觉到炎热的夏天已过，而凉爽的秋天已经到来了。因为白天的温度虽然仍达三十几摄氏度，可是夜晚之后，就下降到二十几摄氏度，两者之间的温度差达十多摄氏度。阳气是在夏至达到顶点，物极必返，阴气也在此时兴起。到了白露，阴气逐渐加重，清晨的露水随之日益加厚，凝结成一层白白的水滴，所以就称之为白露。俗语云："处暑十八盆，白露勿露身。"这两句话的意思是说，处暑仍热，每天须用一盆水洗澡，过了 18 天，到了白露，就不要赤膊裸体了，以免着凉。

秋分节气

秋分，时间一般为每年的 9 月 22 或 23 日。南方的气候由这一节气起才始入秋。一是太阳在这一天到达黄经 180°，直射地球赤道，因此这一天 24 小时昼夜均分，各 12 小时；全球无极昼极夜现象。秋分之后，北极附近极夜范围渐大，南极附近极昼范围渐大。

秋分的气候秋分时节，我国大部分地区已经进入凉爽的秋季，南下的冷空气与逐渐衰减的暖湿空气相遇，产生一次次的降水，气温也一次次地下降。正如人们常所说的那样，已经到了"一场秋雨一场寒"的时候，但秋分之后的日降水量不会很大。此时，南、北方的田间耕作各有不同。在我国的华北地区有农谚说："白露早，寒露迟，秋分种麦正当时。"谚语中明确规定了该地区播种冬小麦的时间；而"秋分天气白云来，处处好歌好稻栽"则反映出江南地区播种水稻的时间。此外，劳动人民对秋分节气的禁忌也总结成谚语，如"秋分只怕雷电闪，多来米价贵如何"。

80

霜降，农历二十四节气中的第 18 个节气。霜降节气含有天气渐冷、初霜出现的意思，是秋季的最后一个节气，也意味着冬天的开始，霜降时节，养生保健尤为重要，民间有谚语"一年补透透，不如补霜降"，足见这个节气对我们的影响。

"霜降始霜"反映的是黄河流域的气候特征。就全年霜日而言，青藏高原上的一些地方即使在夏季也有霜雪，年霜日都在 200 天以上，是我国霜日最多的地方。西藏东部、青海南部、祁连山区、川西高原、滇西北、天山、阿尔泰山区、北疆西部山区、东北及内蒙东部等地年霜日都超过 100 天，淮河、汉水以南、青藏高原东坡以东的广大地区均在 50 天以下，北纬25° 以南和四川盆地只有 10 天左右，福州以南及两广沿海平均年霜日不到 1 天，而西双版纳、海南和台湾南部及南海诸岛则是没有霜降的地方。

• 寒露节气

寒露，农历二十四节气中的第 17 个节气。每年 10 月 8 日或 9 日视太阳到达黄经195° 时为寒露。《月令七十二候集解》说："九月节，露气寒冷，将凝结也。"寒露的意思是气温比白露时更低，地面的露水更冷，快要凝结成霜了。寒露时节，南岭及以北的广大地区均已进入秋季，东北和西北地区已进入或即将进入冬季。

寒露以后，北方冷空气已有一定势力，我国大部分地区在冷高压控制之下，雨季结束。天气常是昼暖夜凉，晴空万里，对秋收十分有利。我国大陆上绝大部分地区雷暴已消失，只有云南、四川和贵州局部地区尚可听到雷声。华北 10 月份降水量一般只有 9 月降水量的一半或更少，西北地区则只有几毫米到 20 多毫米。干旱少雨往往给冬小麦的适时播种带来困难，成为旱地小麦争取高产的主要限制因素之一。

冬季节气 〉

• 立冬节气

"立冬"节气，农历二十四节气中的第 19 个节气。在每年的 11 月 7 日或 8 日，古时民间习惯以立冬为冬季开始。我国幅员广大，除全年无冬的华南沿海和长冬无夏的青藏高原地区外，各地的冬季并不都是于立冬日同时开始的。立冬与立春、立夏、立秋合称四立，在古代社会中是个重要的节日，这一天皇帝会率领文武百官到京城的北郊设坛祭祀。在现在，人们在立冬之日，也要庆祝。

• 小雪节气

小雪节气，农历二十四节气中的第 20 个节气。11 月 22 或 23 日为小雪节气。我国广大地区东北风开始成为常客，气温下降，逐渐降到 0℃以下，但大地尚未过于寒冷，虽开始降雪，但雪量不大，故称小雪。此时阳气上升，阴气下降，而致天地不通，阴阳不交，万物失去生机，天地闭塞而转入严冬。黄河以北地区会出现初雪，提醒人们该御寒保暖了。

• 大雪节气

"大雪"节气，农历二十四节气中的第 21 个节气。通常在每年的 12 月 7 日（个别年份的 6 日或 8 日），其时视太阳到达黄经 255°。《月令七十二候集解》说："至此而雪盛也。"大雪的意思是天气更冷，降雪的可能性比小雪时更大了，并不指降雪量一定很大。相反，大雪后各地降水量均进一步减少，东北、华北地区 12 月平均降水量一般只有几毫米，西北地区则不到 1 毫米；大雪，雪的大小按降雪量分类时，一般降雪量 5.0—10 毫米。

• 冬至节气

冬至，农历二十四节气中的第 22 个节气。是中国农历中一个非常重要的节气，也是中华民族的一个传统节日，冬至俗称"冬节"、"长至节"、"亚岁"等，早在 2500 百多年前的春秋时代，中国就已

NIBUZHIDAODEDAZIRAN

经用土圭观测太阳，测定出了冬至，它是二十四节气中最早制订出的一个，时间在每年的 12 月 21 日至 23 日之间，这一天是北半球全年中白天最短、夜晚最长的一天；中国北方大部分地区在这一天还有吃饺子、南方吃汤圆的习俗。

天文学上把冬至作为冬季的开始，这对于我国多数地区来说，显然偏迟。冬至期间，西北高原平均气温普遍在 0℃以下，南方地区也只有 6℃—8℃左右。不过，西南低海拔河谷地区，即使在当地最冷的 1 月上旬，平均气温仍然在 10℃以上，真可谓秋去春来，全年无冬。

• 小寒节气

小寒，农历二十四节气中的第 23 个节气，在公历 1 月 5—7 日之间。太阳位于黄经 285°。对于中国而言，小寒标志着开始进入一年中最寒冷的日子。根据中国的气象资料，小寒是气温最低的节气，只有少数年份的大寒气温低于小寒的。

• 大寒节气

大寒是二十四节气之一最后一个节气。每年 1 月 20 日前后太阳到达黄经 300° 时为大寒。这时寒潮南下频繁，是中国大部分地区一年中的最冷时期，风大，低温，地面积雪不化，呈现出冰天雪地、天寒地冻的严寒景象。这个时期，铁路、邮电、石油、海上运输等部门要特别注意及早采取预防大风降温、大雪等灾害性天气的措施。大寒节气，大气环流比较稳定，环流调整周期大约为 20 天。此种环流调整时，常出现大范围雨雪天气和大风降温。当东经 80° 以西为长波脊，东亚为沿海大槽，我国受西北风气流控制及不断补充的冷空气影响便会出现持续低温。同小寒一样，大寒也是表示天气寒冷程度的节气。近代气象观测记录虽然表明在我国部分地区大寒不如小寒冷，但是在某些年份和沿海少数地方，全年最低气温仍然会出现在大寒节气内。

> **二十四节气歌**
>
> 　春雨惊春清谷天，夏满芒夏暑相连，
> 秋处露秋寒霜降，冬雪雪冬小大寒。

85

● 动植物探秘

认识植物 >

　　植物是生命的主要形态之一，并包含了如乔木、灌木、藤类、青草、蕨类、地衣及绿藻等熟悉的生物。种子植物、苔藓植物、蕨类植物和拟蕨类等植物，据估计现存有350000个物种。

　　绿色植物是生态系统中太阳能的第一个固定者。它一方面吸收、利用人类呼吸和工厂、汽车等排放的二氧化碳，另一方面释放出人类生存所需要的氧气，被视为城市的"绿肺"。它还能调节气候、净化空气、降低噪音。有些绿色植物如香樟、松树等能分泌某些挥发性物质或杀菌素，对空气和土壤中的微生物有抑制作用，从而有利于人类健康。

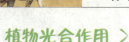

植物光合作用 〉

植物的光合作用是地球上最为普遍、规模最大的反应过程，在有机物合成、蓄积太阳能量和净化空气，保持大气中氧气含量和碳循环的稳定等方面起很大作用，是农业生产的基础，在理论和实践上都具有重大意义。据计算，整个世界的绿色植物每天可以产生约4亿吨的蛋白质、碳水化合物和脂肪，与此同时，还能向空气中释放出近5亿吨的氧，为人和动物提供了充足的食物和氧气。

植物也有脉搏 〉

近年，一些植物学家在研究植物树干增粗速度时发现，它们都有着自己独特的"情感世界"，还具有明显的规律性。植物树干有类似人类"脉搏"一张一缩跳动的奇异现象，或许有一些人会问："植物的'脉搏'究竟是怎么回事?"

每逢晴天丽日，太阳刚从东方升起时，植物的树干就开始收缩，一直延续到夕阳西下。到了夜间，树干停止收缩，开始膨胀，并且会一直延续到第二天早晨。植物这种日细夜粗的搏动，每天周而复始，但每一次搏动，膨胀总略大于收缩。于是，树干就这样逐渐增粗长大了。

可是，遇到下雨天，树干"脉搏"几乎完全停止。降雨期间，树干总是不分昼夜地持续增粗，直到雨后转晴，树干才又重新开始收缩，这算得上是植物"脉搏"的一个"病态"特征。

如此奇怪的脉搏现象，是植物体内水分运动引起的。经过精确的测量，科学家发现：当植物根部吸收水分与叶面蒸腾的水分一样多时，树干基本上不会发生粗细变化。但如果吸收的水分超过蒸腾水分时，树干就要增粗，相反，在缺水时树干就会收缩。

了解这个道理，植物"脉搏"就很容易理解了。在夜晚，植物气孔总是关闭着的，这使水分蒸腾大大减少，所以树就增粗。而白天，植物的大多数气孔都开放，水分蒸腾增加，树干就趋于收缩。有相当多木本植物都有这种现象，但是"脉搏"现象特别明显的还当数一些速生的阔叶树种。

植物与环境 〉

植物与环境之间存在着极为密切的联系。一方面，植物必须依赖环境而生存，在其个体发育的全过程中，需要源源不断地从周围环境中获取所必需的物质和能量，不断建造自己的躯体；同时又将其代谢产物排放到环境中去，通过这种关系维持其正常的生命活动和种群的繁衍。另一方面，植物又通过自身的生命活动去影响和改造周围环境，促进环境的演化。环境控制和塑造了植物的生理过程、形态特征和地理分布；植物则在适应环境的同时，改造和影响着环境，形成了一种相互影响、相互制约、共同发展的关系。在不同的光照、热量、水分等环境条件下，植物的群落结构、形态特征、生理过程和地理分布等方面有很大的差异性。正是由于环境条件对植物有着很大的影响，使得许多植物对其生存的环境具有了明显的指示性，如芦苇指示了水湿环境，骆驼刺则指示了干旱环境；铁芒萁指示着酸性土壤环境，碱蓬则指示着盐碱土壤环境。

为什么森林能调节气温 〉

炎热的夏天，如果我们走进森林，就会感到非常清凉；到了寒冷的冬天，外面寒风凛凛，森林里却非常暖和。森林还真像一个巨大的绿色空调，它到底是怎样调节气温的呢？原来，树木在夏天进行光合作用和蒸腾作用的速度比较快，能迅速把水分释放到空气中，水分的蒸发带走了热量，森林里就凉快下来了；冬

89

天，树木的光合作用和蒸腾作用都慢吞吞的，热量很难散发出去，而且阳光直射进落叶的林间，也能增加森林的温度，所以森林里就会感觉比较暖和。森林不仅能调节自身温度，对整个周边环境也同样能起到调节气温的作用。因为它能大量吸收二氧化碳，而二氧化碳又是气候变暖的主要因素，所以森林是一个不折不扣的大自然的"绿色空调"。

自然界中有意思的十大奇异植物 〉

• 猪笼草

　　猪笼草的形状体态宛如一个诱捕昆虫的陷阱。它的瓶状叶（或花冠）可以捕食小昆虫和蜥蜴。猪笼草的叶片是种特殊物质，这种物质覆在猪笼草瓶状花冠的内壁上，并与猪笼草根部吸收来的水混合。昆虫或小型动物嗅到混的气味会前来吸食。当它们落入瓶状花冠中后，就会困在其中无法逃脱，并最终成为猪笼草的养料。

• 大花草

　　大花草被认为是世界上最大的花。花的直径最大可以达到 1 米，质量最重可达 25 磅。最令人惊讶的是，如花却无茎无叶无根，仿佛是天然生成一般。大花草的生长期一般为 9 — 21 个月，而其开花期最多只能持续 5 天。另一特点就是气味难闻，散发着一种腐烂尸体的气味。大花草

是 1822 年探险队在苏门答腊岛探险时所
发现的，至今人们只在苏门答腊岛和婆罗
洲发现这种寄生植物。

• 维纳斯捕蝇草

　　维纳斯捕蝇草是一种著名的肉食植
物，其叶片上长有许多细小的触角。一旦

有物体碰到捕蝇草，叶片会自动将外来物
体包夹于其中。维纳斯捕蝇草叶片的合拢
速度奇快，时间不到 1 秒。维纳斯捕蝇草
分布的地理范围十分有限，它们仅存在于
美国北卡罗来纳州与南卡罗来纳州海岸一
片 1100 多千米长的地区。

• 含羞草

　　如同少女遇到陌生人时会脸红一样，
如果含羞草羽毛般的纤细叶子受到外力触
碰，叶子立即闭合，所以得名它们的叶片
也同样会对热和光产生反应，因此每天傍
晚的时候它们的叶片同样会收拢。含羞草
原产于中南美洲，茎基部木质化，高可达
1 米，耐寒性较差。

• 芦荟植物

　　芦荟的神奇之处在于它是天然美容
品，它能使皮肤变得白嫩柔滑，在夏威夷
或者墨西哥应用十分广泛。大多植物需要
经过蒸煮或溶解等处理措施后才能使用，

91

而芦荟植物却可以随时使用。只要折断芦荟植物的叶子就可以发现芦荟油。这种凝胶体具有康复的功效，短时间内就可以缓解紫外线造成的皮肤晒伤。

• 罗马花椰菜

罗马花椰菜是一种可食用的花椰菜，16 世纪发现于意大利。这种花椰菜长相特别，花球表面由许多螺旋形组成，小花以花球中心为对称轴成对排列。罗马花椰菜的神奇在于其规则和独特的外形，已经成为著名的几何模 以一种特定的指数式螺旋结构生长，而且所有部位都是相似体，

这与传统几何中不规则碎片形所包含的简单数学相似。罗马花椰菜有着规则和严密的数学模型，因此吸引了无数的数学家和物理学家加以研究。

• 复苏蕨

复苏蕨是一种看起来非常普通的蕨类植物，但它拥有超强的耐干旱能力。在干旱期，这种植物可以蜷缩成状物，颜色也会变成褐色，看起来好像是死了一般。不

过它一旦接触到水，就会立即舒展开来并开始"复活"。它们在无水条件下至少可以生活 100 年。科学家推算复苏蕨在地球上已经存活了 2.8—3.4 亿年。

• 茅膏菜

茅膏菜也是一种食肉性植物。茅膏菜有明显的茎，茎部长有细小的腺毛，腺毛可以产生一种黏性液体。茅膏菜利用这种黏性液体来捕捉昆虫。一旦昆虫被粘上后，茅膏菜的蔓将会合拢将猎物包在其中，并

一。迷幻类植物中一般都包含有某些化学物质，这些化学物质可以影响动物中枢神经系统，可以临时改变感觉、情绪、意识和行为。以往，有巫师就是利用这种植物来让信徒产生兴奋感觉。

产生一种酶来消化，茅膏菜喜欢生长在水边湿地或湿草甸中，在我国长白山广有分布。茅膏菜亦有治疗疮毒、瘰疬的药物功效。

• 迷幻类植物

迷幻类植物就是罂粟等毒品植物，它们往往有着美丽的花朵和外表，但是在所有植物物种当中对人类危害最大的物种之

• 舞草

舞草又名跳舞草，是一种可以快速舞动的奇特植物，草叶经常无风自动，因此

又叫情人草、无风自动草、风流草、求偶草等。舞草最高可以长到 2 米高，属多年生的木本植物，可入药，喜阳光，呈小灌木，各枝叶柄上长 2 枚清秀的叶片。气温达 25℃以上并在 70 分贝声音刺激下，两枚小叶绕中间大叶便"自行起舞"，舞草的"跳舞"一般为 3—5 分钟。舞草原产于亚洲，我国华南部分省区很常见，南太平洋附近国家和地区也有舞草分布。

高山植物 ＞

　　生长在高山上的植物，一般体积矮小，茎叶多毛，有的还匍匐着生长或者像垫子一样铺在地上，成为所谓的"垫状植物"。"垫状植物"是植物适应高山环境的典型形状之一。它们在青藏高原海拔4500—5300米之间的高山区生长。苔状蓝缀，高3—5厘米，个别较大的高也不过10厘米左右，直径约20厘米。一团团垫状体就好像一个个运动器械中的铁饼，散落在高山的坡地之上。它那流线型（或铁饼状）的外表和贴地生长，能抵御大风的吹刮和冷风的侵袭。另外它生长缓慢、叶子细小、可以减少蒸腾作用而节省对水分的消耗，以适应高山缺水的恶劣环境。全身长满白毛的雪莲，可以代表另一类型的高山植物。雪莲生长在海拔4800—5500米之间的高山寒冻风化带。雪莲个体不高，茎、叶密生厚厚的白色茸毛，既能防寒，又能保温，还能反射掉高山阳光的强烈辐射，免遭伤害，所以这也是对高山严酷环境的一种适应。

海洋植物 ＞

　　海洋里的植物都称为海草，有的海草很小，要用显微镜放大几十倍、几百倍才能看见。它们由单细胞或一串细胞所构成，长着不同颜色的枝叶，靠着枝叶在水中漂浮。单细胞海草的生长和繁殖速度很快，一天能增加许多倍。虽然，它们不断地被各种鱼虾吞食，但数量仍然很庞大。

　　大的海草有几十米甚至几百米长，它们柔软的身体紧贴海底，被波浪冲击得前后摇摆，但不易被折断。海草的经济价值很高，像中国浅海中的海带、紫菜和石花菜，都是很好的食品，有的还可以提炼碘、溴、氯化钾等工业原料和医药原料。

两极植物 >

在南北极地区，植物的新陈代谢周期大幅放缓，达到了极限，因为最微小的节约都有利于维持生长和繁衍。全年寒凉的环境使得两极地区的植物稀少。在大小、种类和繁衍能力上都有下降。在最温暖的区域，灌木可以生长到2米高，莎草、苔藓和地衣可以形成厚厚的覆盖层；而在最寒冷的区域，绝大部分的地表是裸露的，植被基本上是地衣和苔藓，藻类和几种显花植物。

植物用途和功能 >

成千上万的植物物种被种植用来美化环境、提供绿荫、调整温度、降低风速、减少噪音、提供隐私和防止水土流失。人们会在室内放置切花、干燥花和室内盆栽，室外则会设置草坪、荫树、观景树、灌木、藤蔓、多年生草本植物和花坛

花草，植物的意像通常被使用于美术、建筑、性情、语言、照相、纺织、钱币、邮票、旗帜和臂章上头。活植物的艺术类型包括绿雕、盆景、插花和树墙等。植物是每年有数十亿美元的旅游产业的基本，包括到植物园、历史公园、国家公园、郁金香花田、雨林以及有多彩秋叶的森林等地的旅行。植物也为人类的精神生活提供基础需要。每天使用的纸就是用植物制作的。一些具有芬芳物质的植物则被人类制作成香水、香精等各种化妆品。许多乐器也是由植物制作而成。而花卉等植物更是成为装点人类生活空间的观赏植物。森林是最高的植被。在成片的森林地区以及林冠层的下部都能形成一种特殊的气候。此外，森林对邻近地区的气候也有较大的影响。

> 为什么树林能够防风

为了阻挡大风和流沙对绿洲和城市的侵害，人们常常在沙漠的边缘地带种植防风林带。为什么树林能够防风呢？这主要是因为防风林中的大树根系都很发达，而且人们将它们按照一定的密度排列成行，形成网络，当大风刮来的时候，大树就会"手拉手"地组成一道道防护墙，挡住风的去路，使大风绕道而行。钻进林中的风也会遭到树枝和树叶的阻挡，使风力减弱，风速变慢，破坏力也就减小了。所以，我们应该多多参加植树活动，为保护环境作出贡献！

认识动物 >

动物是生物的一个主要类群，称为动物界。它们能够对环境作出反应并移动，捕食其他生物。以目前遗传学的研究结果来看，动物的祖先应是来源于多种原生生物的集合，然后发生细胞分化。而不是来自一个多核原核生物。以有性生殖进行繁殖的后生动物，一生可被人为地划分为：胚前发育、胚胎发育和胚后发育3个阶段。动物是相对于植物的生物。动物不能以光合作用来生存，只能靠捕食植物或其他动物。一般口语中指的动物是所有不是人的动物，其实人类也是动物界的一个种。

一般认为最早的动物是在4.5亿—5亿年前出现的。通过不断的演化，动物也经历了从单细胞到多细胞，从水生到陆生，从简单到复杂的过程。动物是生态系统里面的一个组成部分，它们属于消费者。它们的遗体会被微生物分解成为无机物，再次进入循环。动物的行为同时也塑造了生物圈的形态。

野生动物是指那些在进化时已经适应了的环境，并不受人为管束的动物。野生动物是一个与家养动物相对的概念，按字义理解野生动物应该是"生活于野外的非家养的动物"。野生动物包括人工养殖的野生动物和生活在野外的野生动物等两大类。

动物与人类的关系 >

从进化的历史看，各类动物都比人类出现得早，人类是动物进化的最高级阶段，从这个意义上说，没有动物就不可能有人类。同时，由古代类人猿进化成人类以后，人类生活所需要的一切都直接或间接地与动物有关，离开了动物，人类就无法很好地生存。

1.动物为人类生活提供了丰富的物质资源

丰富的动物资源是大自然赐给人类的物质宝库。时至今日，仍有靠猎取动物为生的民族，如巴西东南部游牧的高楚人。有许多国家，动物资源是维持国计民生的支柱。澳大利亚一向以"骑在羊背上的国家"而著称。号称"沙漠之舟"的骆驼，多少世纪来一直是阿拉伯人赖以取得衣食的重要来源。

随着社会的发展和进步，人类对食物的选择性越来越强。从祖先的茹毛饮血、饥不择食，到后来变成以植物性食物为主，今天又转向以动物性食物为主，并从含脂肪较多的肉食转向含蛋白质较多的肉食。

2.人类健康与动物的关系

保持身体健康、防病治病、延缓衰老是人们的愿望。在长期的实践中，人们发现很多疾病可用各种各样的动物来治疗，例如古人早就知道用医蛭及瘀血、治疗肿毒疔疮等顽症。明代李时珍的《本草纲目》中记载的动物药有461种。

我国的中医药历史源远流长，广泛使用的动物药材很多，例如牛黄、鹿茸、麝香、龟板等等。外形丑陋的蟾蜍的耳后腺可制成蟾酥，哈士蟆、海马、水蛭、蜈蚣、土鳖虫等也都是有药用价值的宝贵资源。

3.动物为人类提供了丰富多彩的衣着原料

当人类对动物的了解越来越多以后，人们发现有些动物的"产品"，动物的毛皮、羽毛等物大有用途，可以成为美化

99

行，离开了动物，植物就不能很好地繁殖后代，植物的生存能力就会下降，就有死亡的危险。据估计，在开花植物中，约有84%的植物是通过昆虫来帮助它们授粉的。

生活的原料。

产丝昆虫的奉献丝绸早已成为人们衣着的原料，人们穿上丝绸衣衫，会感到格外的舒适、凉爽，姑娘们穿上五彩缤纷的丝绸衣裙，更显得靓丽、飘逸。传说早在4000多年前，我国劳动人民就知道栽桑养蚕。在殷商时代，已能织出精美的丝绸。从此，养蚕、缫丝、织绸就成为我国一项传统的副业生产和出口行业。西汉时，张骞出使西域，就带去了不少丝绸。

华贵的毛皮大衣使人雍容尔雅，合体的皮夹克使人英姿飒爽，色彩斑斓的羊毛衫裤使人充满活力，穿上毛料大衣、西服，更让人风度翩翩。

4.动物是传播花粉的使者

在生态系统中，绿色植物是"生产者"，它为各种动物制造营养物质，并提供栖息场所。但是，植物离开了动物也不

地球上的动物清洁工 ＞

1.海鸥是捕食蝗虫、飞蛾、金龟子、步行虫和鼠类的能手，它可使树木免遭虫害，健康成长。在海滨和沙滩上，对人们随手抛弃的残羹剩饭，它能吃得一干二净，为保持海面和沙滩的清洁立下大功。

2.乌鸦啄着地上的蝇蛹、地蚕、腐肉……它可以把陆地打扫得干干净净。

3.屎壳郎在大草原的牧场上堆粪球,并把粪埋起来以备日后吃掉。要不然,草原上就会出现一座座粪山,牧场受到污染,草原长不出草。

4.鱼儿爱吃河里的水草、垃圾和破坏水质的微生物,从而避免江河遭到污染。

5.榆树的绿叶会吸收掉空气中的灰尘和有害气体,并呼出氧气,给人们提供新鲜的空气。

6.蚯蚓以土壤中的动植物碎屑为食,经常在地下钻洞,把土壤翻得疏松,使水分和肥料易于进入土壤,有利于植物的生长。

7.清道夫鱼可以清洁水质。

101

8.秃鹫在高空飞翔时，一旦发现腐尸就会迅速地饱食起来。由于它专以腐尸为食，不使死亡动物暴尸山野，从而避免了环境的污染。

9.有一种食肉性的黑蚂蚁，专门吃被人们扔掉或死在地面上的动物尸体，吃饱之后，还把剩余物搬运回巢穴储存起来，对保护地面的环境起到了很好的作用。

动物之间怎么交流 >

1.声音语言

许多动物都会发出声音，这些声音往往成为动物之间交流信息的独特的声音语言。例如蟋蟀能利用翅膀摩擦发出像乐曲一般清脆动听的声音来表现它们的种种"感情"。当雌雄相处时，声调轻幽，犹如情人窃窃私语；当独处一方时，它就发出高亢的强音来招引朋友。

2.气味语言

有些动物常常以特殊的气味（信息素）来达到引诱异性、追踪目标、鉴别敌友、发出警报、标明地点、集合或分散群体等目的。这种气味虽然没有声响，可也算是一种语言。例如蜂王通过分泌一种唾液产生的气味招引工蜂来为自己服务；雌蛾产生的气味能引诱距离很远的

3.行为语言

动物还会运用各种不同的行为来表达它们的意思，这也是一种无声的语言。例如长颈鹿在发生危险时，会用猛烈的惊跑来向同伴传达警报；野猪在平时总是把尾巴转来转去，一旦觉察到有危险时，就会扬起尾巴，在尾尖上打个小卷给同伴报警；蜜蜂在发现蜜源以后，就会用特别的"舞蹈"方式（如"8"字形摆尾舞），向同伴通报蜜源的远近和方向。

雄蛾；蚂蚁利用味觉和嗅觉彼此进行联系，识别同窝伙伴；雄鹿在求偶时，它会用身上的芳香腺往树上擦，使树上便留下了自己的气味，雌鹿闻到它的气味以后就会寻踪而至。

● 脚踏土地

土壤的形成 〉

    土壤是植物生长的基本条件，也是人们种植庄稼蔬菜、养花种草的基础。可是土壤是怎么形成的呢？原来，最初的地球上到处都是岩石，这些岩石经过日积月累的风吹雨打和太阳的照射，形成许多裂缝，结构也变得疏松，最后破裂成小石头。后来，在下雨的时候，雨水顺着裂缝进入小石头；夜晚降温后，岩石中的水冻结成冰，把小石头撑裂开来，变成粗沙子。持续不断的日晒雨淋使粗沙子变成细沙子，细沙子越来越细，最后就变成了土壤。

盆地是怎样"挖"出来的 >

盆地是一种四周高、中间低的陆地地貌,看起来像一个大盆。这个大盆到底是怎样被"挖"出来的呢?事实上,盆地是在各种自然力的作用下形成的。由于地壳的构造运动而形成的盆地,叫作构造盆地。比如地壳断层陷落形成的断陷盆地,大规模的火山喷发后形成的火山口盆地等等。那些因为流水、风等侵蚀作用而形成的盆地,叫作侵蚀盆地。如在河流不断地冲刷下形成的河谷盆地等。

NIBUZHIDAODEDAZIRAN

我们脚下的岩石 ＞

我们的祖先注意到石头之初，可能开始是把它们当成了玩具。岩石大小不同、形状不同、颜色不同，他们放在手中把玩或相互投来掷去，岩石的质量使身体被触部位有痛感，我们的祖先感到可以用它们做武器，在围猎时掷向动物。再后来，他们发现用尖锐的石块可以削剥树枝。不起眼的岩石成了人类的工具，我们的先辈在狩猎和屠宰中一刻也离不开它。

大约在250万年前，原始人掌握了用石头碰击起火的办法。由此，岩石在人类文明史上产生了巨大的作用。我们的祖先越来越依赖岩石：他们住在岩洞中，用石头做切割工具，把碎石串起来戴在胸前、手腕做装饰，在岩壁上作画表达自己的情感。他们在利用石块时必须要选择，那些可用的石块也不是随处可得的，他们必须去寻找，到很远的地方去探查和采集，人类就这样与岩石结下了不解之缘并获得了最初关于岩石的认识。

岩石是怎么形成的 ＞

不仅大山是由岩石组成的，小河边、山脚下、公路旁也随处可见各种各样的岩石碎块，就连地壳都是地球岩石圈的一部分。那么，岩石是怎么形成的呢？组成地壳的岩石都是在一定的地质作用和条件下形成和存在的，它们处于不断地运动、变化和发展之中。科学家根据岩石的不同形成过程，把岩石分为火成岩、沉积岩和变质岩3种。火成岩是由火山喷发出来的岩浆直接变冷凝固形成的；沉积岩是由泥沙沉积而成，或是石灰质等物质沉淀而成的；变质岩则是由火成岩或沉积岩经过变质作用而形成的。更神奇的是，各类岩石还能在不同的条件下相互转变呢。

矿物是从哪里来的 >

　　矿物是地球的宝藏，各种矿藏为我们的日常生活提供了原材料和能量资源，例如煤炭是供暖和发电的主要原料，石油是制造汽油的原料，天然气能帮助人类取暖和做饭。那么，这些矿物是怎么形成的呢？科学家告诉了我们答案。亿万年前，植物死后，枝叶和根茎在地面上堆起一层厚厚的黑色腐殖质。由于地壳的变动，这些腐殖质被埋入地下。经过一系列复杂的物理、化学变化后，它们变成了黑色的化石，这就是煤炭。而石油和天然气通常藏身在海底，它们是由许许多多死去的海洋生物经过上亿年的时间逐渐演化而来的。

化石是怎么形成的 >

　　在漫长的地质年代里，地球上曾经生活过无数的生物。生物是从低级到高级、由简单到复杂不断进化的，具有很强的阶段性。地质时期的许多生物，在地球上生活了一段时间后灭绝了。其中一部分生物死亡后的遗体或是生活时遗留下来的痕迹都被当时的泥沙掩埋起来了。它们中的有机成分被分解光了，但是坚硬的部分比如外壳、骨骼、枝叶等与它围在周围的沉积物一起经过石化作用变式了石头，这种石头被科学家称作化石。不同时代的地层一般含有不同的化石。通过对化石垢研究，科学家不仅可以了解到古代生物的形态、生活习性等知识，推测出地球生物的发展史，还可以恢复地球各个发展阶段的生态环境呢。看来，化石还真算得上是记录地球历史的"教科书"呢。

107

● 自然风光

雄伟的高山大川 >

  山是与海洋、平原相对应的地理概念。山是江河的源头，山是生命的脊梁，山更是蕴藏着无尽历史记忆和文化资源的宝库。山是万物的乐园。山是一个多姿多彩、张扬着生命的欢乐和自由的世界，这是其他地域环境所不能相比的。群山之中，茂盛的植物、美丽的动物按照造物主的意愿生长繁衍，连岩石、流水和风雪云雾都充满灵性，它们形成一个各自独立又相互依存的有机秩序，堪称和谐存在的典范。

山脉是怎么"长"出来的 ＞

在陆地上，有些山常常成组地沿着一定的方向有规律地延伸着，就像人身上的脉络一样，这种地貌被称作山脉。连续的多条山脉还可以组成庞大的山系，例如喜马拉雅山等。那么，这些高耸在地球上的山脉是怎么"长"出来的呢？这就要从造山运动说起了。在地球演变的过程中，地壳的各个板块相互碰撞和挤压，使板块的边缘部分逐渐弯曲变形，即发生褶皱。板块因受力而向上隆起形成了山岭，向下弯曲形成了山谷。山脉就这样"长"出来了。喜马拉雅山脉的形成就是由于欧亚板块和印澳板块的相互碰撞，使得沉积在海水中的沉积岩褶隆起所致。

喜马拉雅山从前是大海吗 ＞

喜马拉雅山是世界上最高大的山脉，其中珠穆朗玛峰是世界上最高的山峰。如果说，高大的喜马拉雅山是从海上升起来的，你相信吗？科学家们测定，早在2亿多年前，喜马拉雅山地区还是一片汪洋大海。后来，由于地壳运动，地球上的板块不断地相互碰撞着。欧亚板块与印澳板块相遇并且发生强烈的碰撞，使地层受到强烈挤压，产生褶皱，地面隆起，形成了高山。喜马拉雅山的庞大山系就这样慢慢形成了。

为什么高山上会有泉水 ＞

地下水一般分两种，潜水和承压水；岩土层也分两种，隔水层和含水层。最上面一层隔水层之上的含水层中的水叫潜水，两层隔水层之间含水层中的水叫承压水。潜水和承压水可以互相转化，它们都来自降水。

高山是地面的突起，高山上的隔水层和含水层也会随之隆起，所以高山上的地下水位比地面上的高，而泥土中的空隙会把地下水保存一些时间，所以山泉就会一直喷出。如果山上长期没有降水的话，山泉也会枯竭。

雨水下到山上，大部分经地表流下，形成山洪、瀑布等壮观景象。少部分雨水深入山石之间，形成地下水，在不下雨的时候，从山石间缓缓渗出，慢慢汇聚成溪流。

高山积雪为何终年不化 ＞

每当春天来临，天气转暖，地面上的积雪就会慢慢融化掉。可是高山上的积雪却没有什么动静，好像一张白毯子始终披在高山顶上，这是怎么回事呢？我们已经知道，山上的气温比地面低，从地面每上升100米，气温就会下降0.6℃。到了一定高度时，气温就会降到0℃以下，这个高度的界线被称作雪线。从雪线再往上，山上的冰雪就终年不化了。即使夏天强烈的阳光会使冰雪消融一些，但是还没有全部融化，就又到了下雪的季节，这样长年累月，冰雪化了又冻，高山上的积雪就永远不会消失了。地势越高，空气越冷。高山上空气稀薄，但也会有水蒸气，遇冷凝结成雪花飘下，而因寒冷，雪不容易融化，越积越多。因此高山上积雪是经过长时期降雪所致。

为什么冰川会移动 ＞

在0℃以下、气候寒冷的南、北两极和一些高山上，白色的冰"外衣"常年不换。这种"外衣"被称作冰川，因为它们可以像河水一样流动。我们都知道，冰是固体的，怎么能像液态的水一样流动呢？其实，冰川的形成是与寒冷的气候条件密切相关的。在气候寒冷的两极地区和高山地区以固体降水为主。而固体降水绝大部分以雪的形式出现。因为高寒，雪蒸发消融很少。就这样，积雪越积越多，最后变成了冰。这些厚厚的冰雪在重力的作用下，从高处向低处缓缓地流动，整个冰川就移动起来了。冰川移动一般都发生在夏季。由于夏季降水丰富，而且气温较高，冰川上层的冰很容易融化。这样，水就像给冰川底部抹了一层润滑剂，使得冰川容易移动了。

奇幻沙漠 ＞

陆地的表面大约30%部分是沙漠，这些地区虽然严重缺水，生态系统却异常的多样。揭开沙漠地区的生存秘密，体验这种动态系统中短暂的自然本性；观看撒哈拉将近1英里高的沙暴；仅会存在一天的沙漠河流的蜿蜒；在戈壁滩中生存的大夏人骆驼会从雪中得到湿气；阿卡塔马沙漠中，骆马从仙人掌的脊背上舔舐露水；在美国的死亡谷，短暂的花期引发了65千米宽、160千米长的蝗虫群；飞跃纳米比沙漠的独特的航行向我们展示了大象为寻找食物而进行的长途跋涉；沙漠狮子在搜索着徘徊的羚羊……

沙漠是怎样形成的 ＞

　　沙漠一望无际，常年被大量的沙子覆盖着，有些还分布着许多沙丘。沙漠地区气候炎热干旱，缺少水源，很少有动植物生存。这么荒凉的沙漠到底是怎样形成的呢？其实，形成沙漠的原因很多，其中岩石的风化作用最为重要。沙漠地区气候干燥，降雨量少，日照强烈，水分蒸发得快，昼夜温差大。地面上的岩石在这种条件下，经历热胀冷缩的变化和风化作用，破碎成细小的沙粒。风把大量的沙粒吹成一堆，形成沙丘；沙粒再慢慢堆积，就会形成大片的沙漠。沙漠形成的另一主要原因是地壳的变化。地壳变化使湖泊河流消失，袒露出原来的泥沙慢慢就形成了沙漠。

为什么有的沙子会"唱歌" ＞

　　在我国甘肃敦煌地区有一座鸣沙山。如果人们从山顶顺着沙子往下滑，沙子就会发出一阵阵类似音乐声的响声。难道这里的沙子会"唱歌"吗？其实，世界上许多地方都有鸣沙现象，沙子的鸣声也各不相同，有的像狗叫，有的像雷声，还有的像琴声。这些沙子为什么会鸣叫呢？有的科学家认为鸣沙现象是与当地气候有密切关系的。干燥的天气和阳光的照射使沙子带电。风刮起来时，沙子之间相互撞击，就会产生类似"放电"的现象，同时发出响声。当然，也有一些人提出了其他解释。虽然目前我们还不了解沙子"唱歌"的确切原因，但总有一天会揭开它发出悦耳声音的神秘面纱的！

113

为什么沙漠里会有绿洲 >

在人们的印象中，沙漠就是生命的禁区，那里一片荒凉，寸草不生。其实，沙漠里也有绿树成荫的地方——绿洲。干旱少雨的沙漠怎么会有绿洲呢？原来，夏天来临时，高山上的冰雪就会融化，顺着山坡流淌下来，形成河流。河水流经沙漠，便渗入沙漠深处变成地下水。地下水流到沙漠的低洼地带，涌出地面，形成泉水；或者沿着不透水的岩层流至低洼地带后与来自远方的雨水在地下汇合，沿着岩层裂隙冲出地面。有了水，各种生物就可以生存、繁衍，逐渐形成了绿洲。

海市蜃楼是怎么形成的 >

在天气炎热的大白天，人们乘船在海上航行时，有时会突然发现海面上空隐隐出现一座高楼。古代人曾经以为那座高楼是传说的天宫。其实呀，那座高楼是一种幻象，并不是真实存在的。它只是光与大气相互作用产生的一种现象，被科学家称作"海市蜃楼"。那么，"海市蜃楼"究竟是怎么形成的呢？原来，当阳光穿过高空和地面不同温度的空气层时，就会发生折射和反射，传播方向的光线进入我们的眼睛时，我们就看到了地面以下或远处物体的影像。在海面、大湖湖面、大江江面上空和沙漠沙面，常常出现海市蜃楼的幻象。

谁绘制了撒哈拉沙漠壁画

　　闻名于世的撒哈拉沙漠远古大型壁画，位于撒哈拉沙漠北纬 30° 区。撒哈拉沙漠是世界第一大沙漠，气候炎热干燥。然而，在这极端干燥缺水、土地龟裂、植物稀少的旷地，竟然曾经有过高度繁荣昌盛的远古文明——沙漠上许多绮丽多姿的远古大型壁画。今天人们不仅对这些壁画的绘制年代难于稽考，而且对壁画中那些奇形怪状的形象也茫然无知。

　　于是，我们只好把它称为人类文明史上的一个不解之谜。

自然奇观——火山 ＞

地壳之下100—150千米处，有一个"液态区"（软流层），区内存在着高温、高压下含气体挥发成分的熔融状硅酸盐物质，即岩浆。它一旦从地壳薄弱的地段冲出地表，就形成了火山。

火山并非是喷出"火"的山，它喷出的是一种高温黏稠的物质，这种物质叫岩浆。火山爆发时景象异常壮观。平时死死被地包在地壳里的岩浆，由于温度极高，又承受着地壳的巨大压力，所以一遇地壳较薄的地方或有裂隙就猛烈地冲出地面。

当火山爆发时，伴随着惊天动地的巨大轰鸣，石块飞腾翻滚，炽热无比的岩浆像条条凶残无比的火龙，从地下喷涌而出，吞噬着周围的一切，霎时间，方圆几十里都被笼罩在一片浓烟迷雾之中。有时候，由于火山爆发，还能使平地顷刻间矗立起一座高高的大山，如赤道附近的乞力马扎罗山和科托帕克希山就是这样形成的；有时候，又能在瞬间吞掉整个村庄和城镇。

火山的形成是地表下面，越深的地方，温度就越高，大约在20英里深处，温度之高足以熔化大部分岩石。岩石熔化时，就会膨胀而需要更多更大的空间。这种被高温熔化的物质便会沿着隆起造成的裂缝上升。当熔岩槽里的压力大于它上面岩石的压力时，便向外爆发而形成一座火山。

为什么火山口上会有湖泊 〉

　　火山是不会一直疯狂地喷发的。火山喷发结束后，火山口的熔岩会慢慢凝固起来，形成一个像漏斗一样的凹坑。经过漫长的时期，经过无数的风霜雨雪，凹坑里慢慢积存了大量的雨水和雪水，逐渐形成一个美丽的湖泊。火山口湖一般面积不大，但是湖水很深，由于火山仍有余热释放，附近还会产生许多温泉。我国吉林省长白山上的天池就是火山口湖。这里湖水湛蓝、冰冷，周围的冰山雪峰倒映水中，景色非常壮美。

奇形怪状的溶洞 〉

　　岩溶洞穴是大自然在千百万年中形成的产物，是一种地下自然景观。岩溶洞穴不仅是重要的生态系统，也是一种不可再生的自然文化遗产。

　　洞穴不仅孕育了众多的洞穴生物，也是人类最早的居住环境，是人类文化艺术的摇篮。喀斯特奇峰异洞的世界，五彩缤纷、雄伟壮丽、光彩夺目，令人神往。洞穴光怪陆离的风景和沉淀的悠久文化，都对现代人有着极大的吸引力。保护洞穴环境，对研究人类文化、艺术的产生和早期发展具有重要意义。洞穴是可溶岩区域常见的现象，从终年积雪的高山，一直到海面以下均有分布。目前，世界各国已探明长度超过10千米的洞穴有160多个，深度超过700米的达55个。

117

中国十大自然保护区

　　中国是世界自然资源和生物多样性最丰富的国家之一，我国到2001年底已有各类自然保护区1551个，国家级171个，面积达1.45亿公顷，占国土面积的14.44%左右。林业系统建立的自然保护区达909处，其中国家级自然保护区有155处，总面积1.03亿公顷，占国土面积的10.63%。这些自然保护区保护着我国70%的陆地生态系统种类、80%的野生动物和60%的高等植物，也保护着约2000万公顷的原始天然林、天然次生林和约1200万公顷的各种典型湿地。

• 珠穆朗玛峰自然保护区

　　人们都知道珠穆朗玛峰是世界第一高峰，印象里这里寒冷，海拔极高。其实这里是一个自然生命生生不息的地方。据说高等植物就有 2000 多种，"山顶四季雪，山下四季春，一山分四季，十里不同天"的气候特点，为众多生物生长提供了条件，尤其是许多珍贵植物。作为一个自然保护区，丰富的动植物和拥有珍贵物种是基础条件，但是珠穆朗玛峰与其他自然保护区相比，海拔是其他任何保护区都无法望其项背的。

不息地抵御着自然所赋予的残酷的生存环境；人在辛苦地工作着，艰难地固守着一个纯粹的理想和某种脆弱的平衡。当藏羚羊沦为人类窃取财富的工具时，它就失去了选择的权利，生存和自由随时可能被剥夺。可可西里极其艰苦的自然环境，使得一支民间组织起来保护藏羚羊的野牦牛队解散了；不过庆幸的是对藏羚羊的保护依然在继续，希望这个蒙语意为"美丽少女"的地方能够恢复她的美丽。

• 可可西里自然保护区（青海·玉树）

　　在可可西里那辽阔而贫瘠的土地上，生活的美丽和残酷都一览无余地呈现在眼前：一群人和一群羊几乎构成了这里所有的生存本质：羊在简单地生活着，生生

• 神农架自然保护区（湖北）

相传神农氏（炎帝）在此遍尝百草，为民除病，而得名神农架。本来就山水绝佳、故事众多得神农架，自从传说发现了野人之后，更是充满了神秘的色彩。许多人都想一览在这崇山峻岭、葱郁森林中的"原始"秘密，可结果仍是"犹抱琵琶半遮面"。除了窥探这里的野人秘密之外，感受神农架原始、自然的风景，体会"山脚盛夏山岭春，山麓艳秋山顶冰，风霜雨雪同时存，春夏秋冬最难分"的气候特色更是一种特别的享受。

• 卧龙自然保护区（四川·阿坝州）

提起卧龙，必然要说大熊猫，这个本来偏僻的地方，因为有了大熊猫而变得家喻户晓。卧龙动植物资源丰富，沟内海拔相对高差有 5100 多米，距离卧龙不远的四姑娘山也成为了著名的旅游胜地，但是无论有什么美景，无论有什么其他自然资源，提起卧龙，第一印象还是大熊猫，就像提起詹姆斯·邦德，大家想到 007 一样，谁让大熊猫是国宝呢，国宝就得有国宝的"待遇"，国宝的栖息地就得有国宝般的名气。

自然保护区位于汶川县境内，包括卧龙、耿达两个乡，是省政府直辖的一个特区。该区东西长 52 千米，南北宽 62 千米，总面积约 70 万公顷。卧龙保护区处于邛崃山脉东麓，青藏高原向四川盆地过渡地带的高山峡谷区，5000 米以上的高山就有 101 座，最高峰四姑娘山海拔 6250 米。沟内最低海拔 1150 米，相对高差 5100 米。这里峰峦重叠、云雾缭绕，原始森林、次生灌木林、箭竹林郁郁葱葱。保护区内有各种植物三四千种，有四川红杉、金钱槭等珍贵植物；有各种兽类 50 多种，鸟类 300 多种，属国家保护的珍贵动物就达 29 种。

卧龙是动物"活化石"大熊猫生存和繁衍后代理想的地区。这里地势较高而湿润，十分适宜大熊猫的主要食物——箭竹和桦桔竹的生长。卧龙自然保护区已列为联合国国际生物圈保护区，设有大熊猫研究中心和大熊猫野外生态观察站。

121

· 梵净山自然保护区（贵州）

梵净山自然保护区是 1978 年由贵州省人民政府批准建立的该省第一个自然保护区。1986 年国务院批准为国家级的自然保护区，同年，经联合国科教文组织"人与生物圈"国际协调理事批准，被接纳为世界人与生物圈（MAB）保护区网成员，成为中国的第四个国际生物圈保护区。

梵净山位于江口、松桃和印江之间，是云贵高原向湘西丘陵的过渡地区。正处在我国的亚热带中心。年平均气温 6—17℃，年平均降水量 1100—1600 毫米，相对湿度年平均 80% 以上，具有我国典型的中亚热带季风山地湿润气候特征。

梵净山山体庞大，地势高耸，层峦叠嶂，最高峰凤凰山海拔 2572 米，金顶海拔 2493 米，而东坡山麓的盘溪口海拔仅 500 米，高差达 2000 余米。以凤凰山、金顶的峡谷地形为中心，四周逐层散布低中山，低山和丘陵等各种地貌类型。山势雄伟，坡陡谷深，古人说它"崔巍不减五岳"今人赞它兼有"黄山之奇和峨眉之秀。"

梵净山的自然环境及森林生态系统基本上没有遭受人为的破坏，保存了较为原始的状态，是我国亚热带极为珍贵的原始"本底"。梵净山森林茂密，保存完好，覆盖率高达 80% 以上，是一个相对平衡的森林生态系统。尤以中亚热带的常绿阔叶

林最为典型，原生性强，垂直分布差异明显，蕴藏的珍稀植物种类最为丰富，具有不少古老植物孑遗群落。据初步调查，有珍稀植物 40 余种，以珙桐分布最集中、最丰富而具有特色。还有属于国家一级保护植物的梵净山冷杉、钟萼木以及国家二级保护植物鹅掌楸、水青树、香果树、篦子三尖杉、惠形杉、厚朴、凹叶厚朴、金钱槭等珍稀植物分布。此外梵净山还生长着许多贵州特有植物，其中有一些仅存在于梵净山区，除著名的梵净山冷杉外，还有贵州杜鹃、黔蚊母树、贵州香秀菊等。

• 喀纳斯自然景观保护区（新疆·阿勒泰）

这里是我国唯一的南西伯利亚区系动植物分布区，生长有西伯利亚区系的落叶松、红松、云杉、冷杉等珍贵树种和众多的桦树林，这里居住着热情好客的哈萨克人，这里有如诗如画的月亮湾，这里有充满神秘色彩的图瓦人村落……这就是北疆

的喀纳斯。远眺哈纳斯，阿尔卑斯山北麓雪域、丛林和草甸的风情尽收眼底；走进哈纳斯，会隐约感受到潜藏的东欧的乡野气息。

位于布尔津县境内，距阿勒泰市西北 265 多千米处，是一个坐落在阿尔泰深山密林中的高山湖泊。"喀纳斯"蒙古语，意为"峡谷中的湖"。喀纳斯湖湖面海拔 1374 米，南北长 24 千米，平均宽约 1.9 千米，湖水最深 188.5 米，面积 45.73 平方千米。自然景观保护区总面积为 5588 平方千米。

喀纳斯湖四周雪峰耸峙，绿坡墨林，艳花彩蝶，湖光山色，美不胜收。这里生长有西伯利亚区系的落叶松、红松、云杉、冷杉等珍贵树种和众多的桦林，已知有 83 科 298 属 798 种。有兽类 39 种，鸟类 117 种，两栖爬行类动物 4 种，湖中鱼类 7 种，昆虫类 300 多种。许多种类的花木鸟兽在全疆乃至全国都是绝无仅有的。

• 鼎湖山自然保护区（广东·肇庆）

在北半球的回归线上，除了印度、中印半岛北部和我国的鼎湖山以外，2/3 以上的陆地属于沙漠、半沙漠或干旱草原，而鼎湖山却有完整的生态系统。有 78% 以上的森林覆盖率、有特色鲜明的垂直植物分布……是北回归线上无可争议的"绿色明珠"。走进鼎湖山，享受的是自然和绿色。鼎湖山也就成了南国出名的"休闲氧吧"。

• 盐城丹顶鹤自然保护区（江苏·盐城）

这里有 45 万公顷的自然保护区，有 400 种左右的各种鸟类，尤其是每年有占世界近一半的野生丹顶鹤到这里过冬。

江苏盐城国家级珍禽自然保护区，又称"联合国教科文组织盐城生物圈保护区"。由江苏省人民政府于 1983 年批准建立，1992 年经国务院批准晋升为国家级自然保护区，同年 11 月被联合国教科文组织世界人与生物圈协调理事会批准为生物圈保护区，成为中国第九个"世界生物圈保护区网络成员"，1999 年被纳入"东亚——澳大利亚迁徙涉禽保护网络"。

我国第一个国家自然保护区、岭南第一名山——鼎湖山，地处北纬 2310，东经 11234，因其完整地保存了具有 400 多年历史的地带性植被——南亚热带季风常绿阔叶林。从而被中外科学家誉为"北回归沙漠带上的绿洲。"

鼎湖山生长着 2500 多种高等植物，约占广东省植物总数的 1/4。其中有被称为"活化石"的、与恐龙同时代的孑遗植物——桫椤以及紫荆木、土沉香等国家重点保护的珍稀濒危植物 22 种；楠叶木姜、毛石笔木、鼎湖冬青、鼎湖钓樟等华南特有种和模式产地种植物 40 多种；有已鉴定的各种昆虫 900 多种、动物 200 多种，其中属国家重点保护的穿山甲、小灵猫等珍稀动物 15 种。

● 西双版纳热带雨林自然保护区（云南·西双版纳）

　　5000 多种热带动植物云集在西双版纳近 2 万平方公里的土地上，令人叹为观止。"独木成林"、"花中之王"、"空中花园"、婀娜的孔雀等等，都是大自然在西双版纳上精心绘制的美丽画卷，是不出国门就可以完全领略的热带气息。如果徘徊在西双版纳的傣族村寨，除了特色的民俗风情，然后就是葱葱郁郁。

　　西双版纳热带雨林自然保护区位于云南省南部西双版纳州景洪、勐腊、勐海 3 县境内。总面积 2420.2 平方千米，它的热带雨林、南亚热带常绿阔叶林、珍稀动植物种群，以及整个森林生态都是无价之宝，是世界上唯一保存完好、连片大面积的热带森林，深受国内外瞩目。保护区内交错分布着多种类型森林。森林植物种类繁多，板状根发育显著，木质藤本丰富，绞杀植物普遍，老茎生花现象较为突出。区内有 8 个植被类型，高等植物有 3500 多种，约占全国高等植物的 1/8。其中被列为国家重点保护的珍稀、濒危植物有 58 种，占全国保护植物的 15%。区内用材树种 816 种，竹子和编织藤类 25 种，油料植物 136 种，芳香植物 62 种，鞣料植物 39 种，树脂、树胶类 32 种，纤维植物 90 多种，野生水杲、花卉 134 种，药用植物 782 种。保护区是中国热带植物集中的遗传基因库之一，也是中国热带宝地中的珍宝。

• 鸡公山自然保护区（河南）

　　"清分楚豫，气压嵩衡"。"三伏炎蒸人欲死，清凉到此顿凝仙"。这是前人描写鸡公山的点睛之笔。位于豫南楚北的鸡公山，除了是我国著名的四大避暑胜地之外，还是国家级的自然保护区，有各类动植物资源 5000 余种。走进鸡公山能够真正让人感觉到自然带给人类的实惠。

图书在版编目（CIP）数据

你不知道的大自然 / 张静编著. -- 北京：现代出版社，2016.7
ISBN 978-7-5143-5218-4

Ⅰ.①你… Ⅱ.①张… Ⅲ.①自然科学－普及读物 Ⅳ.①N49

中国版本图书馆CIP数据核字（2016）第160843号

你不知道的大自然

作　　者：张静
责任编辑：王敬一
出版发行：现代出版社
通讯地址：北京市定安门外安华里504号
邮政编码：100011
电　　话：010-64267325　64245264（传真）
网　　址：www.1980xd.com
电子邮箱：xiandai@cnpitc.com.cn
印　　刷：汇昌印刷（天津）有限公司
开　　本：700mm×1000mm　1/16
印　　张：8
印　　次：2016年7月第1版　2022年4月第3次印刷
书　　号：ISBN 978-7-5143-5218-4
定　　价：29.80元